高等教育规划教材

Flash CC 基础与案例教程
第 2 版

朱印宏　史恒亮　等编著

机械工业出版社

本书由浅入深、循序渐进地介绍了 Adobe 公司最新推出的动画制作软件——中文版 Flash CC。书中详细地介绍了 Flash CC 的基础知识和操作方法，并使用 Flash CC 制作动画时经常遇到的问题进行了专家级的指导。全书共14 章，分别介绍了 Flash CC 基础知识、图形的绘制、颜色工具的使用、Flash 文本的应用、图形对象的编辑、元件、实例和库的使用、特效的应用、帧和图层的使用、基础动画制作与编辑、Flash CC 的声音编辑、动画脚本设计、组件应用、动画的优化与发布以及 Flash 网站综合实战内容。

本书内容丰富，结构清晰，语言简练，图文并茂，具有很强的实用性和可操作性，是一本适合于大中专院校、职业学校及各类社会培训学校的优秀教材，也是广大初、中级 Flash 动画爱好者的自学参考书。

本书配有电子教案和素材文件，需要的教师可登录 www.cmpedu.com 免费注册，审核通过后下载，或联系编辑索取（QQ：2966938356，电话：010-88379739）。

图书在版编目（CIP）数据

Flash CC 基础与案例教程 / 朱印宏等编著. —2 版. —北京：机械工业出版社，2014.7
高等教育规划教材
ISBN 978-7-111-47560-6

Ⅰ. ① F…　Ⅱ. ① 朱…　Ⅲ. ① 动画制作软件—高等学校—教材
Ⅳ. ① TP391.41

中国版本图书馆 CIP 数据核字（2014）第 170010 号

机械工业出版社（北京市百万庄大街 22 号　邮政编码 100037）
责任编辑：和庆娣　责任校对：张艳霞
责任印制：李　洋
北京振兴源印务有限公司印刷
2014 年 10 月第 2 版·第 1 次印刷
184mm×260mm · 17.75 印张 · 440 千字
0001—3000 册
标准书号：ISBN 978-7-111-47560-6
定价：39.00 元

前　言

在浏览网页的时候，浏览者的视线总会不由自主地被那些美丽动画所吸引，同时，会忍不住想问这些动画是用什么软件制作出来的，这就是本书所要介绍的软件——Flash，使用它制作出来的动画被称为 Flash 动画。Flash 软件是目前应用最广泛的动画制作软件之一，主要用于制作网页、宣传广告、MTV 和小动画等。

本书不仅可以让读者了解 Flash CC 软件，掌握 Flash 动画的制作过程，还可以提高读者者制作动画的水平，如简单动画、特殊动画及网站宣传动画等，从而达到学以致用的目的。

本书内容精炼，重点突出，实例丰富，通俗易懂。本书中的每一个案例都是精心挑选的，实用性强，讲解详尽，让读者在实例练习中体验 Flash 动画设计的方法与技巧。本书共14章，主要内容如下。

第 1 章介绍 Flash CC 的基本概念和一个简单动画的制作过程，并对 Flash CC 的基本操作进行了简单介绍，使读者初步认识 Flash CC。

第 2～5 章介绍 Flash CC 中图形的绘制、填充、编辑以及文本的应用，使读者掌握在 Flash CC 中绘制与编辑图形、文本的相关操作。

第 6～8 章介绍 Flash CC 中帧、图层、元件和库的知识，使读者能够灵活地操作 Flash CC。

第 9 章介绍简单动画和特殊动画的制作，其中简单动画包括逐帧动画、形状补间动画和运动补间动画，特殊动画包括引导线动画、遮罩动画和复合动画。

第 10 章介绍动画中声音的添加，包括可导入的声音格式和编辑声音的方法等，从而使读者能够对声音效果进行有效的控制。

第 11 章介绍 Flash CC 中的动画脚本，包括 ActionScript 基础和常用语句的使用，使读者能够对制作的动画效果进行控制。

第 12 章介绍 Flash CC 中组件的知识，通过调用组件并对其进行参数设置，使读者能够制作交互动画。

第 13 章介绍优化和发布动画。

第 14 章以综合实例的形式演示 Flash 网站的开发和建设过程。

本书主要由朱印宏、史恒亮、朱俭编写，其中，史恒亮（河南科技大学）编写第 1、6、7、8 章，朱俭（中国青年政治学院）编写第 2～5 章，朱印宏编写第 9～14 章。参与本书编写的人员还包括常才英、袁祚寿、袁衍明、张敏、袁江、田明学、唐荣华、毛荣辉、卢敬孝、刘玉凤、李坤伟、旷晓军、陈万林和陈锐。

由于作者水平有限，书中难免有疏漏之处，恳请广大读者提出宝贵建议。

编　者

目　　录

前言
第1章　**Flash CC 概述** ………………………………………………………… *1*
  1.1　动画设计大师 Flash ………………………………………………………… *1*
  1.2　Flash CC 工作界面 …………………………………………………………… *3*
  1.3　Flash CC 文档基本操作 ……………………………………………………… *5*
  1.4　案例实战：第一次与 Flash 亲密接触 ……………………………………… *6*
  1.5　Flash CC 工具箱与动画场景设置 …………………………………………… *7*
    1.5.1　工具箱 …………………………………………………………………… *7*
    1.5.2　舞台 ……………………………………………………………………… *8*
    1.5.3　标尺、辅助线和网格 …………………………………………………… *9*
    1.5.4　场景操作 ………………………………………………………………… *10*
  1.6　案例实战：设计我的第一份作品 …………………………………………… *11*
    1.6.1　设置舞台属性 …………………………………………………………… *11*
    1.6.2　制作动画效果 …………………………………………………………… *13*
    1.6.3　测试动画 ………………………………………………………………… *15*
    1.6.4　保存、导出和发布动画 ………………………………………………… *15*
  1.7　习题 …………………………………………………………………………… *16*
第2章　**Flash CC 绘图基础** …………………………………………………… *18*
  2.1　对象的选择 …………………………………………………………………… *18*
    2.1.1　选择工具 ………………………………………………………………… *18*
    2.1.2　部分选择工具 …………………………………………………………… *20*
  2.2　绘制路径 ……………………………………………………………………… *21*
    2.2.1　线条工具 ………………………………………………………………… *21*
    2.2.2　铅笔工具 ………………………………………………………………… *23*
    2.2.3　钢笔工具 ………………………………………………………………… *24*
  2.3　绘制简单图形 ………………………………………………………………… *25*
    2.3.1　椭圆工具和基本椭圆工具 ……………………………………………… *25*
    2.3.2　矩形工具和基本矩形工具 ……………………………………………… *26*
    2.3.3　多角星形工具 …………………………………………………………… *26*
    2.3.4　刷子工具 ………………………………………………………………… *27*
    2.3.5　橡皮擦工具 ……………………………………………………………… *29*
  2.4　案例实战 ……………………………………………………………………… *30*

　　　2.4.1　绘制美人像 ·· 30

　　　2.4.2　绘制 LOGO 标识 ·· 34

　2.5　习题 ·· 37

第 3 章　**Flash CC 颜色工具操作** ···································· 38

　3.1　颜色工具 ·· 38

　　　3.1.1　墨水瓶工具 ·· 38

　　　3.1.2　颜料桶工具 ·· 39

　　　3.1.3　滴管工具 ·· 40

　　　3.1.4　渐变变形工具 ·· 40

　3.2　颜色管理 ·· 42

　　　3.2.1　"样本"面板 ·· 42

　　　3.2.2　"颜色"面板 ·· 43

　3.3　案例实战 ·· 45

　　　3.3.1　宠物涂鸦 ·· 45

　　　3.3.2　照样描红 ·· 46

　　　3.3.3　设计 Web 按钮 ·· 47

　　　3.3.4　给美眉更衣 ·· 48

　3.4　习题 ·· 50

第 4 章　**Flash CC 文字特效及其应用** ································ 51

　4.1　添加文本 ·· 51

　　　4.1.1　输入文本 ·· 51

　　　4.1.2　修改文本 ·· 52

　　　4.1.3　设置文本属性 ·· 52

　　　4.1.4　上机操作：设计交互式 LOGO ···························· 54

　4.2　文本的转换 ·· 56

　　　4.2.1　分离文本 ·· 56

　　　4.2.2　编辑矢量文本 ·· 57

　4.3　文本的类型 ·· 57

　　　4.3.1　静态文本 ·· 58

　　　4.3.2　动态文本 ·· 58

　　　4.3.3　输入文本 ·· 59

　4.4　案例实战 ·· 59

　　　4.4.1　设计空心文字 ·· 59

　　　4.4.2　设计披雪文字 ·· 60

　　　4.4.3　设计立体线框字 ·· 63

　4.5　习题 ·· 64

第 5 章　**Flash CC 对象编辑和操作** ································ 66

　5.1　对象的来源 ·· 66

5.1.1 在 Flash CC 中自行绘制对象 ································ 66

5.1.2 导入外部对象 ·· 67

5.2 素材基础知识 ·· 71

5.2.1 Flash CC 的图片素材 ·· 71

5.2.2 Flash CC 的声音素材 ·· 72

5.2.3 Flash CC 的视频素材 ·· 72

5.2.4 上机操作：模拟电视机播放视频 ······················ 73

5.3 编辑位图 ·· 76

5.3.1 设置位图属性 ·· 76

5.3.2 套索工具 ··· 77

5.3.3 快速制作矢量图 ··· 78

5.3.4 上机操作：设计交友卡 ······································ 80

5.4 编辑图形 ·· 84

5.4.1 任意变形工具 ·· 84

5.4.2 变形命令 ··· 87

5.4.3 上机操作：设计倒影特效 ··································· 88

5.4.4 组合与分散到图层 ·· 89

5.4.5 "对齐" 面板 ··· 91

5.4.6 "变形" 面板和 "信息" 面板 ····························· 93

5.4.7 上机操作：设计折叠纸扇 ··································· 94

5.5 修饰图形 ·· 96

5.5.1 优化路径 ··· 96

5.5.2 将线条转换为填充 ·· 97

5.5.3 扩展填充 ··· 97

5.5.4 柔化填充边缘 ·· 98

5.6 辅助工具 ·· 99

5.6.1 手形工具 ··· 99

5.6.2 缩放工具 ··· 99

5.7 习题 ·· 100

第 6 章 Flash CC 元件、实例和库 ··································· 102

6.1 元件 ·· 102

6.1.1 元件的类型 ··· 102

6.1.2 创建图形元件 ·· 103

6.1.3 创建按钮元件 ·· 105

6.1.4 创建影片剪辑元件 ·· 108

6.1.5 编辑元件 ··· 110

6.2 案例实战：设计水晶按钮 ··· 111

6.3 案例实战：设计动态交互式按钮 ································ 115

6.4　编辑实例 ·· 118

 6.4.1　创建实例 ··· 118

 6.4.2　修改实例 ··· 119

 6.4.3　设置实例显示属性 ·· 121

6.5　元件库 ··· 122

 6.5.1　元件库的基本操作 ·· 122

 6.5.2　调用其他动画的库 ·· 124

6.6　习题 ··· 125

第 7 章　Flash CC 特效应用 ·· 127

7.1　滤镜效果 ··· 127

 7.1.1　投影 ·· 128

 7.1.2　模糊 ·· 129

 7.1.3　发光 ·· 129

 7.1.4　斜角 ·· 130

 7.1.5　渐变发光 ·· 131

 7.1.6　渐变斜角 ·· 132

 7.1.7　调整颜色 ·· 132

7.2　案例实战：设计精致 Web 按钮 ·· 133

7.3　Flash CC 混合模式 ·· 136

 7.3.1　混合模式概述 ·· 136

 7.3.2　添加混合模式效果 ·· 136

7.4　使用动画预设 ·· 139

7.5　习题 ··· 141

第 8 章　Flash CC 帧和图层 ·· 142

8.1　帧 ·· 142

 8.1.1　帧的类型 ·· 142

 8.1.2　创建和删除帧 ·· 143

 8.1.3　选择和移动帧 ·· 143

 8.1.4　编辑帧 ··· 144

 8.1.5　使用洋葱皮 ·· 146

8.2　图层 ··· 148

 8.2.1　图层的概念 ·· 148

 8.2.2　图层的基本操作 ·· 148

 8.2.3　引导层 ··· 152

8.3　案例实战：设计遮罩特效 ·· 154

8.4　习题 ··· 155

第 9 章　Flash CC 动画制作 ·· 157

9.1　逐帧动画 ··· 157

9.1.1 导入素材生成动画 ··· 157

9.1.2 逐帧动画制作 ··· 158

9.1.3 上机操作：设计 Banner 数码广告 ································· 159

9.2 补间动画 ··· 164

9.2.1 创建传统补间动画 ·· 164

9.2.2 创建形状补间动画 ·· 167

9.2.3 添加形状提示 ··· 169

9.2.4 创建运动补间动画 ·· 170

9.3 引导线动画 ·· 173

9.4 遮罩动画 ··· 175

9.4.1 遮罩层动画 ··· 176

9.4.2 被遮罩层动画 ··· 177

9.5 复合动画 ··· 180

9.6 案例实战 ··· 182

9.6.1 设计探照灯 ··· 182

9.6.2 设计 3D 环绕运动 ··· 185

9.7 习题 ··· 187

第 10 章 Flash CC 声音编辑 ··· 189

10.1 添加声音 ·· 189

10.1.1 Flash 中的声音文件 ·· 189

10.1.2 为关键帧添加声音 ·· 190

10.1.3 为按钮添加声音 ··· 191

10.2 编辑声音效果 ·· 192

10.2.1 在"属性"面板中编辑声音 ·· 192

10.2.2 在"编辑封套"对话框中编辑声音 ····································· 194

10.3 压缩声音 ·· 195

10.3.1 使用"声音属性"对话框 ··· 195

10.3.2 使用 ADPCM 压缩选项 ·· 196

10.3.3 使用 MP3 压缩选项 ·· 197

10.3.4 使用 Raw 压缩选项 ··· 197

10.3.5 使用"语音"压缩选项 ·· 198

10.4 习题 ·· 199

第 11 章 Flash CC 动画脚本设计 ··· 200

11.1 ActionScript 简介 ··· 200

11.1.1 Flash CC 中的 ActionScript ··· 200

11.1.2 ActionScript 3.0 ··· 201

11.1.3 从 ActionScript 2.0 迁移到 ActionScript 3.0 ······················ 202

11.2 "动作"面板的使用 ··· 203

11.3 　添加动作 ·· 204

11.4 　案例实战 ·· 206

　　11.4.1 　控制影片播放 ·· 206

　　11.4.2 　添加超链接 ·· 213

　　11.4.3 　加载和删除外部影片 ·· 215

　　11.4.4 　控制影片显示样式 ·· 217

　　11.4.5 　设计控制工具条 ··· 220

　　11.4.6 　Flash 结业展示 ··· 222

11.5 　习题 ·· 226

第 12 章　Flash CC 组件应用 ··· 227

12.1 　认识 Flash CC 组件 ·· 227

12.2 　组件类型 ·· 228

12.3 　组件应用 ·· 228

　　12.3.1 　按钮 ·· 228

　　12.3.2 　复选框 ·· 230

　　12.3.3 　下拉列表框 ·· 231

　　12.3.4 　列表框 ·· 232

　　12.3.5 　单选按钮 ·· 233

12.4 　案例实战 ·· 234

　　12.4.1 　滚动显示图片 ·· 234

　　12.4.2 　播放 FLV 视频 ·· 236

12.5 　习题 ·· 238

第 13 章　Flash 动画优化和发布 ··· 240

13.1 　优化动画 ·· 240

13.2 　发布动画 ·· 241

　　13.2.1 　发布设置 ·· 241

　　13.2.2 　发布 Flash 影片 ·· 241

　　13.2.3 　发布 HTML 网页 ··· 242

　　13.2.4 　发布 GIF 图像 ··· 243

　　13.2.5 　发布 JPEG 图像 ·· 244

　　13.2.6 　发布 PNG 图像 ··· 244

13.3 　习题 ·· 245

第 14 章　毕业实战：闪客多媒体网站设计 ································ 247

14.1 　Flash 站点架构概述 ··· 247

14.2 　站点策划 ·· 248

14.3 　场景设计 ·· 249

　　14.3.1 　首页场景设计 ·· 249

　　14.3.2 　次场景设计 ··· 250

14.3.3 二级次场景设计 ·· 252

14.4 首页设计 ·· 253

14.4.1 引导场景设计 ·· 253

14.4.2 设计 Loading ·· 256

14.4.3 设计首页布局 ·· 259

14.4.4 设计导航条 ·· 260

14.4.5 加载外部影片 ·· 262

14.4.6 加载外部数据 ·· 263

14.5 二级页面设计 ·· 264

14.5.1 网站介绍页面 ·· 264

14.5.2 二级栏目页 ·· 267

14.5.3 新闻页面 ·· 269

14.5.4 集成首页与二级页面 ·· 270

第1章 Flash CC 概述

　　Flash 是著名的矢量动画和多媒体创作软件，用于网页设计和多媒体创作等领域，功能非常强大。目前，世界上绝大部分计算机上都安装有 Flash Player（Flash 动画播放器），使用 Flash 可以制作出各种各样的动画。这种动画的体积要比位图动画（如 GIF 动画）的体积小很多，用户不但可以在动画中加入声音、视频和位图图像，还可以制作交互式的影片或功能完备的网站。

本章要点
- Flash CC 基本概念
- Flash CC 文档操作
- Flash CC 基本设置

1.1　动画设计大师 Flash

　　Flash 不仅具有强大的制作动画功能，还具有声音控制和丰富的交互功能。由于它生成的动画文件远远小于其他软件生成的动画文件，并且采用了网络流式播放技术，使得动画在较慢的网络上也能快速地播放，因此，Flash 动画技术在网络中逐渐占据了主导地位，越来越多的网络应用了 Flash 动画技术，下面介绍一些常见的 Flash 应用。

　　1）动画短片：这是广大 Flash 爱好者最热衷的一个领域，如近年热播的《喜羊羊与灰太狼》等，如图 1-1 所示。

　　2）网站片头：网站以片头作为过渡页面，在片头中播放一段简短精美的动画，就像电视节目片头一样，可以在很短的时间内把整体信息传达给访问者。如图 1-2 所示为我国文化遗产闽南文化宣传的 Flash 片头。

　　3）网络广告：有了 Flash，广告在网络上发布才成为了可能。根据调查资料显示，国外的很多企业都倾向于采用 Flash 制作广告，因为它既可以在网络上发布，又可以存储成视频格式在电视机上播放。即 Flash 广告具有一次制作、多平台发布的特点，因此必将会越来越得到更多企业的青睐，如图 1-3 所示为 Sony 数码的网络广告。

　　4）MTV：这也是 Flash 应用比较广泛的一种形式。在一些 Flash 网站上，有大量 MTV 作品，如图 1-4 所示。

　　5）Flash 导航条：Flash 导航条的功能非常强大，是制作菜单的首选，通过鼠标的各种动作，可以实现动画和声音等多媒体效果，如图 1-5 所示。

图1-1 "喜羊羊与灰太狼"系列

图1-2 Flash网站片头

图1-3 网络广告

图1-4 Flash MTV

6）Flash小游戏：利用Flash技术开发"迷你"小游戏，目前是非常流行的。如大家熟悉的经典小游戏植物大战僵尸、愤怒的小鸟、泡泡堂等，它们让受众参与其中，有很大的娱乐性和休闲性，如图1-6所示。

图1-5 Flash导航条

图1-6 Flash小游戏

7）产品展示：Flash有强大的交互功能，一些大公司都喜欢用它来展示产品。在产品展示中，客户可以通过方向键选择产品，再选择观看产品的功能及外观等，这种互动的展示方式比传统的展示方式更加直观，如图1-7所示。

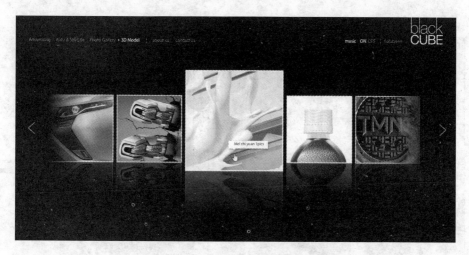

图 1-7　产品展示

8）应用程序的开发界面：传统应用程序的界面都是静止的图片，由于支持 ActiveX 的程序设计系统都可以使用 Flash 动画，所以越来越多的应用程序界面应用了 Flash 动画，如金山词霸的安装界面。

9）开发网络应用程序：目前 Flash 已经增强了网络功能，可以直接通过 XML 读取数据，并且增强了与 ColdFusion、ASP、JSP 和 Generator 的整合，所以用 Flash 开发的网络应用程序，应用将会越来越广泛。很多知名公司的大型网站都使用了 Flash 技术进行制作，如图 1-8 所示为北京欢乐谷的网站。

图 1-8　使用 Flash 技术开发的网站

1.2　Flash CC 工作界面

启动 Flash CC，进入主工作界面，它与其他 Adobe CC 组件具有一致的外观，便于用户使用多个应用程序，如图 1-9 所示。

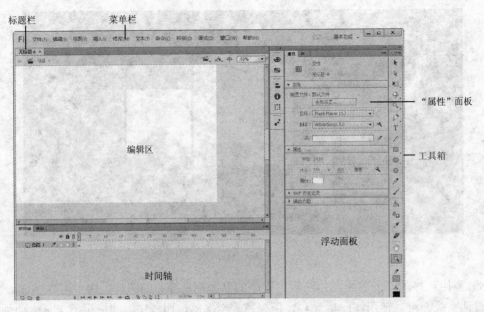

图 1-9　Flash CC 工作界面

1. 编辑区

编辑区是 Flash CC 提供的制作动画内容的区域，所制作的 Flash 动画将完全显示在该区域中。用户可以根据工作情况和状态的不同，将编辑区分为舞台和工作区两个部分。

编辑区正中间的矩形区域就是舞台（Stage），在编辑时，用户可以在其中绘制或者放置素材（或其他电影）内容，舞台中显示的内容是最终生成动画后，访问者能看到的全部内容，当前舞台的背景也就是生成影片的背景。

舞台周围灰色的区域就是工作区，在工作区里不管放置了多少内容，都不会在最终的影片中显示出来，因此可以将工作区看成舞台的后台。工作区是动画的开始点和结束点，也就是角色进场和出场的地方，它为进行全局性的编辑提供了条件。

如果不想在舞台后面显示工作区，可以单击"视图"菜单，取消对"工作区"选项的选择（快捷键：〈Ctrl+Shift+W〉）。执行该操作后，虽然工作区中的内容不显示，但是在生成影片的时候，工作区中的内容并不会被删除，它仍然存在。

2. 菜单栏

在 Flash CC 中，菜单栏与窗口栏整合在一起，使得界面整体更简洁，工作区域进一步扩大。菜单栏提供了几乎所有的 Flash CC 命令，用户可以根据不同的功能类型，在相应的菜单下找到相应的命令，其具体操作将在后面的章节中详细介绍。

3. 工具箱

工具箱位于界面的右侧，包括工具、查看、颜色以及选项 4 个区域，集中了编辑过程中最常用的命令，如图形的绘制、修改、移动及缩放等操作，都可以在这里找到合适的工具来完成，从而提高了编辑效率。其具体操作将在后面的章节中详细介绍。

4. 时间轴

时间轴位于工具箱编辑区的下方，其中除了时间线以外，还有一个图层管理器，两者配合使用，可以在每一个图层中控制动画的帧数和每帧的效果。时间轴在 Flash 中是相当重要的，几乎所有的动画效果都是在这里完成的，可以说时间轴是 Flash 动画的灵魂，只有熟悉了它的操作和使用方法，才可以在动画制作中游刃有余。

提示：有关这部分的内容，将在第 9 章动画制作部分介绍。

5．浮动面板

在编辑区的右侧是多个浮动面板，用户可以根据需要，对它们进行任意的排列组合。当需要打开某个浮动面板时，只需在"窗口"菜单下查找并选中即可。

6．"属性"面板

在 Flash CC 中，"属性"面板以垂直方式显示，位于编辑区的右侧，该种布局能够利用更宽的屏幕提供更多的舞台空间。严格来说，"属性"面板也是浮动面板之一，但是因为它的使用频率较高，作用比较重要，用法比较特别，所以从浮动面板中单列出来。在动画的制作过程中，所有素材（包括工具箱及舞台）的属性都可以通过"属性"面板进行编辑和修改，使用起来非常方便。

1.3　Flash CC 文档基本操作

在制作 Flash 动画之前，首先创建一个新的 Flash CC 文档（就好比绘画，必须首先准备绘画用的纸张），Flash CC 为用户提供了非常便捷的文档操作，下面进行简单介绍。

1．打开 Flash CC 文档

选择"文件"→"打开"命令（快捷键：〈Ctrl+O〉），弹出"打开"对话框，如图 1-10所示，选择需要打开的文档，单击"打开"按钮即可。

2．新建 Flash CC 文档

选择"文件"→"新建"命令（快捷键：〈Ctrl+N〉），弹出"新建文档"对话框，如图 1-11所示，进行相应的设置，然后单击"确定"按钮即可。

　　　　图 1-10　"打开"对话框

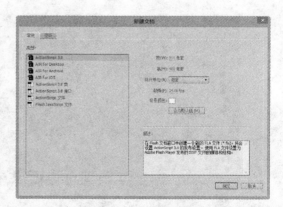
　　　图 1-11　新建 Flash 文档

3．保存 Flash CC 文档

对于制作好的 Flash 动画，可以选择"文件"→"保存"命令（快捷键：〈Ctrl+S〉）进行保存。

如果需要将当前文档存到计算机里的另一个位置，并且重命名，可以选择"文件"→

"另存为"命令（快捷键：〈Ctrl+Shift+S〉）进行保存。

4．关闭 Flash CC 文档

当不需要继续制作 Flash 动画时，可以选择"文件"→"关闭"命令（快捷键：〈Ctrl+W〉）关闭当前文档。也可以选择"文件"→"全部关闭"命令（快捷键：〈Ctrl+Alt+W〉）关闭所有打开的文档。

5．退出 Flash CC

当完成动画的编辑和制作之后，可以单击 Flash 软件右上角的"关闭"按钮关闭当前窗口，也可以选择"文件"→"退出"命令（快捷键：〈Ctrl+Q〉）退出 Flash 软件。

1.4　案例实战：第一次与 Flash 亲密接触

在制作 Flash 动画之前，必须了解如何在 Flash 中对文档进行相应的操作，具体操作步骤如下。

1）启动 Flash CC 软件。

2）选择"文件"→"新建"命令（快捷键：〈Ctrl+N〉）。

3）在弹出的"新建文档"对话框中，选择"常规"选项卡中的"Flash 文档"选项，如图 1-12 所示。

注意：选择 ActionScript 3.0 和 ActionScript 2.0 版本的文档，所创建出来的文档，对 ActionScript 的支持是不一样的，即 ActionScript 3.0 文档支持更多的功能。

4）单击"确定"按钮，创建一个新的 Flash CC 文档。

5）选择"文件"→"保存"命令（快捷键：〈Ctrl+S〉）。

说明：Flash 源文件的格式为"FLA"，在计算机中的表示如图 1-13 所示。

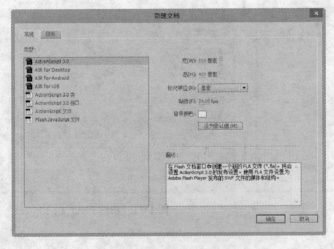

图 1-12　新建 Flash 文档　　　　　　　　　　　　图 1-13　Flash 源文件图标

6）在弹出的对话框中设置保存路径和文件名称，单击"确定"按钮保存。

提示：在保存 Flash 源文件的时候，可以选择不同的保存类型，但是不同版本的 Flash 软件只能打开特定类型的文档，例如 Flash CC 格式的文档，不能够在 Flash CS3 中打开。

7）选择"文件"→"打开"命令（快捷键：〈Ctrl+O〉），在弹出的对话框中找到上一步保存的 Flash CC 文档，单击"打开"按钮将其打开。

说明：Flash 可以打开的文件格式很多，但是一般来说，打开的都是"FLA"格式的源文件，如果要打开"SWF"格式的影片文件，Flash 将会使用 Flash 播放器，而不使用 Flash 编辑软件，如图 1-14 和图 1-15 所示。

图 1-14　Flash 影片文件图标　　　　　　　图 1-15　使用 Flash 播放器观看动画效果

8）选择"文件"→"关闭"命令（快捷键：〈Ctrl+W〉），关闭当前文档，退出 Flash 动画的编辑状态。

1.5　Flash CC 工具箱与动画场景设置

所谓"工欲善其事，必先利其器"，本节重点介绍 Flash 工具箱的使用，以及舞台、标尺、辅助线和网格的设置。

1.5.1　工具箱

Flash CC 的工具箱中，包含了用户进行矢量图形绘制和图形处理时所需要的大部分工具，用户可以使用它们进行图形设计。Flash CC 的工具箱，按照具体用途来分，分为工具区、查看区、颜色区和选项区 4 个。

1）工具区：包含矢量绘图工具和文本编辑工具。可以单列、双列或多列显示工具，如图 1-16 所示为三列显示。可以展开某个工具的子菜单，选择更多工具，如在任意变形工具的折叠菜单里还有渐变变形工具，如图 1-17 所示。

图1-16 工具区   图1-17 任意变形工具折叠菜单

2）查看区：包括缩放和移动的工具，如图1-18所示。

3）颜色区：包括描边工具和填充工具，如图1-19所示。

4）选项区：显示选定工具的功能设置按钮，如图1-20所示。

图1-18 查看区   图1-19 颜色区   图1-20 选项区

1.5.2 舞台

Flash 中的舞台好比现实生活中剧场的舞台，其概念在前面已经介绍过，真正的舞台是缤纷多彩的，Flash 中的舞台也不例外。用户可以根据需要，对舞台的效果进行设置。具体操作步骤如下。

1）启动 Flash CC 软件。

2）选择"文件"→"新建"命令（快捷键：〈Ctrl+N〉），创建一个新的 Flash CC 文档。

3）选择"修改"→"文档"命令（快捷键：〈Ctrl+J〉），弹出 Flash 的"文档设置"对话框，如图1-21所示。

4）在"舞台大小"文本框中输入文档的宽度和高度，在"单位"下拉列表框中选择标尺的单位，一般选择"像素"。

5）单击"舞台颜色"的颜色选取框，在打开的颜色拾取器中为当前 Flash 文档选择一种背景颜色，如图1-22所示。

提示：在 Flash 的颜色拾取器中，只能选择单色作为舞台的背景颜色，如果需要使用渐变色作为舞台的背景，可以在舞台上绘制一个和舞台同样尺寸的矩形，然后填充渐变色。

6）在"帧频"文本框中设置当前影片的播放速率，"fps"的含义是每秒钟播放的帧数，Flash CC 默认的帧频为24。

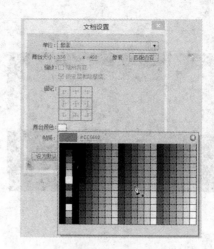

图 1-21 "文档设置"对话框 图 1-22 颜色拾取器

说明：并不是所有 Flash 影片的帧频都要设置为 24，而是要根据实际的需要来设置，如果制作的影片是要在多媒体设备上播放的，比如电视机或计算机，那么帧频一般设置为 24，如果是在互联网上进行播放，帧率一般设置为 12。

1.5.3 标尺、辅助线和网格

由于舞台是集中展示动画的区域，因此对象在舞台上的位置非常重要，需要用户精确把握。Flash CC 提供了 3 种辅助工具，用于对象的精确定位，它们是标尺、网格和辅助线。

1．标尺

标尺能够帮助用户测量、组织和规划作品的布局。由于 Flash 图形主要用于网页，而网页中的图形是以像素为单位进行度量的，所以大部分情况下，标尺以像素为单位，如果需要更改标尺的单位，可以在"文档设置"对话框中进行设置，如果需要显示和隐藏标尺，可以选择"视图"→"标尺"命令（快捷键：〈Ctrl+Alt+Shift+R〉），此时，垂直标尺和水平标尺会出现在文档窗口的边缘，如图 1-23 所示。

2．辅助线

辅助线是用户从标尺拖到舞台上的线条，主要用于放置和对齐对象。利用辅助线可以标记舞台上的重要部分，如边距、舞台中心点和要在其中精确地进行工作的区域，操作步骤如下。

1）打开标尺。

2）单击并从相应的标尺拖拽。

3）在画布上定位辅助线并释放鼠标，如图 1-24 所示。

4）对于不需要的辅助线，可以将其拖拽到工作区取消，或者选择"视图"→"辅助线"→"隐藏辅助线"命令（快捷键：〈Ctrl+;〉）隐藏。

提示：可以通过拖拽重新定位辅助线，可以将对象与辅助线对齐，也可以锁定辅助线以防止它们意外移动，辅助线最终不会随文档导出。

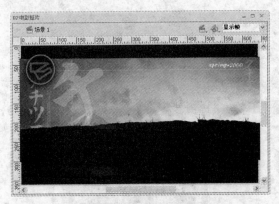
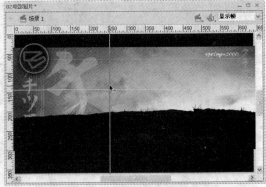

图 1-23　标尺　　　　　　　　　　　　　　　图 1-24　辅助线

3．网格

Flash 网格在舞台上显示为一个由横线和竖线构成的体系，它对于精确放置对象很有帮助。用户可以查看和编辑网格、调整网格大小以及更改网格的颜色等。

- 选择"视图"→"网格"→"显示网格"命令（快捷键：〈Ctrl+'〉），显示网格，如图 1-25 所示。
- 选择"视图"→"网格"→"编辑网格"命令（快捷键：〈Ctrl+Alt+G〉），弹出"网格"对话框更改网格颜色或网格尺寸，如图 1-26 所示。

图 1-25　网格　　　　　　　　　　　　　　图 1-26　"网格"对话框

- 选择"视图"→"对齐"→"对齐网格"命令（快捷键：〈Ctrl+Shift+'〉），使对象与网格对齐。

注意：网格最终也不会随文档导出，它只是一种设计工具。

1.5.4　场景操作

与电影里的分镜头十分相似，场景就是在复杂的 Flash 动画中几个相互联系而又性质不同的分镜头，即不同场景之间的组合和互换构成了一个精彩的多镜头动画。一般比较大型和复杂的动画经常使用多场景。在 Flash CC 中，通过场景面板对影片的场景进行控制。

- 选择"窗口"→"其他面板"→"场景"命令（快捷键：〈Shift+F2〉）打开"场景"面板，如图 1-27 所示。
- 单击"复制场景"按钮 ，复制当前场景。
- 单击"新建场景"按钮 ，添加一个新的场景。
- 单击"删除场景"按钮 ，删除当前场景。

图 1-27 "场景"面板

1.6 案例实战：设计我的第一份作品

制作一个简单的动画，让用户对动画制作的整个流程有一个大概的认识，该动画制作流程和任何复杂动画的制作流程都是一样的。

1.6.1 设置舞台属性

Flash CC 舞台属性的设置如下。

1）启动 Flash CC 软件。

2）选择"文件"→"新建"命令（快捷键：〈Ctrl+N〉），弹出"新建文档"对话框，如图 1-28 所示。

3）选择"新建文档"对话框中的"Flash 文件（ActionScript 3.0）"命令，单击"确定"按钮。

4）设置影片文件的大小、背景色和播放速率等参数。选择"修改"→"文档"命令（快捷键：〈Ctrl+J〉），弹出"文档设置"对话框，如图 1-29 所示。

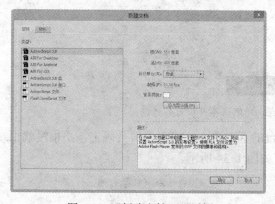

图 1-28 "新建文档"对话框

图 1-29 "文档设置"对话框

当然最快捷的方法，就是使用界面右方的"属性"面板，如图 1-30 所示。

5）在"文档设置"对话框中进行如下设置。

- 设置"舞台大小"为 400 像素×300 像素。
- 设置舞台的背景颜色为黑色。
- 设置完毕后，单击"确定"按钮。

6）修饰舞台背景。选择工具箱中的矩形工具，如图 1-31 所示，然后将颜色区中的笔触设置为无色，填充设置为白色。

图 1-30　在"属性"面板里设置文档属性

图 1-31　选择矩形工具

7）使用矩形工具在舞台的中央绘制一个没有边框的白色矩形，如图 1-32 所示。

图 1-32　在舞台中绘制白色无边框矩形

8）选择工具箱中的文本工具，单击舞台的左上角，输入"Flash CC 动画制作"，然后在"属性"面板中设置文本的属性，如图 1-33 所示。

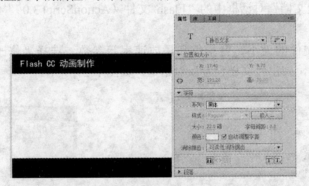

图 1-33　输入左上角的文本并设置其属性

9）选择工具箱中的文本工具，在舞台的下方单击，输入"网页顽主，不怕慢就怕站"，然后在"属性"面板中设置文本的属性，如图 1-34 所示。

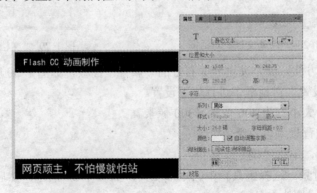

图 1-34　输入下方的文本并设置其属性

10）以上所有的操作都是在"图层 1"中完成，为便于操作，将"图层 1"更名为"背景"，如图 1-35 所示。

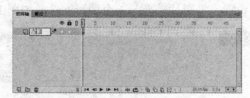

图 1-35　更改图层名称

1.6.2　制作动画效果

1）为避免在编辑的过程中，对"背景"图层中的内容进行操作，可以单击"背景"图层与小锁图标交叉的位置，锁定"背景"图层，如图 1-36 所示。

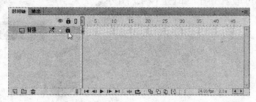

图 1-36　锁定"背景"图层

2）单击时间轴左下角的"新建图层"按钮，创建"图层 2"，如图 1-37 所示（以下操作将在"图层 2"中完成）。

图 1-37　新建"图层 2"

3）选择"文件"→"导入"→"导入到舞台"命令（快捷键：〈Ctrl+R〉），如图 1-38 所示。

4）在弹出的"导入"对话框中查找需要导入的素材文件，如图 1-39 所示。

图 1-38　"导入到舞台"命令

图 1-39　"导入"对话框

5）单击"打开"按钮，导入的素材会出现在舞台上，如图1-40所示。

6）选中舞台中的图片素材，选择"修改"→"转换为元件"命令，在弹出的"转换为元件"对话框中进行相关设置，把图片转换为一个图形元件，如图1-41所示。

图1-40 导入到舞台中的素材

图1-41 "转换为元件"对话框

7）使用选择工具，把转换好的图形元件拖拽到舞台的最右边，如图1-42所示。

8）选中"图层2"的第30帧，按〈F6〉键，插入关键帧，然后把该帧中的图形元件"超人"水平移动到舞台的最左侧，如图1-43所示。

图1-42 移动元件的位置

图1-43 设置第30帧的元件

9）为了能在整个动画的播放过程中看到制作的背景，选中"背景"图层的第30帧，按〈F5〉键，插入静态延长帧，延长"背景"图层的播放时间，如图1-44所示。

10）右击"图层2"第1～29帧之间的任意一帧，在弹出的快捷菜单中选择"创建传统补间"命令，如图1-45所示。

图1-44 延长"背景"图层的播放时间

图1-45 选择创建传统"补间"命令

11）此时，在时间轴上会看到紫色的区域和由左向右的箭头，这就是成功创建传统补间动画的标志，如图1-46所示。

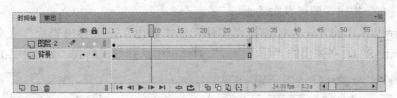

图1-46 传统补间动画创建完成

这样整个动画就制作完成了。

1.6.3 测试动画

在舞台中直接按〈Enter〉键，可以预览动画效果（会看到超人快速地从舞台的右边移动到舞台的左边），也可以按〈Ctrl+Enter〉键在Flash播放器中测试动画，如图1-47所示，测试的过程一般是用来检验交互功能的过程。

测试的另一种方法就是利用菜单命令，选择"控制"→"测试影片"命令（快捷键：〈Ctrl+Enter〉），如图1-48所示。

图1-47 在Flash播放器中测试动画

图1-48 主菜单中的"测试影片"命令

1.6.4 保存、导出和发布动画

动画制作完毕后要进行保存，选择"文件"→"保存"命令（快捷键：〈Ctrl+S〉）可以将动画保存为FLA的Flash源文件格式。也可以选择"另存为"命令（快捷键：〈Ctrl+Shift+S〉），在弹出的对话框中设置"保存类型"为"Flash CC文档"，扩展名为FLA，然后单击"保存"按钮进行保存。

所有的Flash动画源文件格式都是FLA，但是如果将其导出，则可能是Flash支持的任何格式，默认的导出格式为SWF。

动画的导出和发布很简单，选择"文件"→"发布设置"命令（快捷键：

〈Ctrl+Shift+F12〉），弹出如图 1-49 所示的"发布设置"对话框，设置输出文件的类型为 Flash、GIF、JPG、PNG 以及 HTML 影片等（默认选中的是"Flash"和"HTML"两项），然后单击"发布"按钮，即可发布动画。

另一种导出影片的方法为：选择"文件"→"导出"→"导出影片"命令（快捷键："Ctrl+ Alt+Shift+S"），在弹出的"导出影片"对话框中选择导出格式，如图 1-50 所示。

图 1-49 "发布设置"对话框

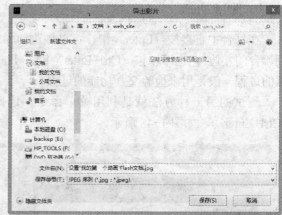

图 1-50 "导出影片"对话框

到此为止，整个动画制作完毕。在以后的制作中，不管制作什么样的动画效果，其制作流程和方法都是一样的。

1.7 习题

1．选择题

（1）在已经选择"对齐网格"命令，且网格的对齐选项处于贴紧对齐状态时，关于辅助线的说法正确的是（   ）。

    A．辅助线可以自由放置

    B．辅助线只能放置在网格线上

    C．若处于最近网格线的"容与度"尺寸内，则只能放置在网格线上；若处于最近网格线的"容与度"尺寸外，则可以自由放置

    D．辅助线不能放置在网格线上

（2）要查看电影剪辑的动画和交互性，正确的操作是（   ）。

    A．选择"控制"→"调试影片"命令

    B．选择"控制"→"测试影片"命令

C．选择“控制”→“测试场景”命令

D．A 和 B 均可

（3）默认的 Flash 影片的帧频是（　　　）。

    A．10   B．12   C．15   D．25

（4）在任何时候，要把所选工具改变为手形工具，只需按（　　　）。

    A．〈Space〉键   B．〈Alt〉键   C．〈Ctrl〉键   D．〈Shift〉键

（5）Flash 影片的源文件格式为（　　　）。

    A．SWF   B．FLA   C．MOV   D．JPG

2．操作题

（1）将 Flash CC 安装到计算机上，并建立启动该程序的快捷方式。

（2）熟悉工具箱中各个工具的快捷键。

（3）创建一个名为“新动画”的文件。

（4）制作一个简单动画。

第 2 章　Flash CC 绘图基础

Flash CC 拥有强大的绘图工具，利用绘图工具可以绘制几何形状、上色和擦除等。用户只要操作鼠标，就可以在 Flash 中创建图形，进而制作出丰富多彩的动画效果。熟练掌握Flash CC 的绘图技巧，将为制作精彩的 Flash 动画奠定坚实的基础。本章将着重介绍使用Flash CC 工具箱中的工具进行一些基本图形绘制的方法和技巧。

本章要点
- Flash CC 中路径的绘制
- Flash CC 中形状的绘制
- Flash CC 中基本绘图工具的使用

2.1　对象的选择

选择工具是工具箱中使用最频繁的工具，主要用于对工作区中的对象进行选择和对一些路径进行修改。部分选取工具主要用于对图形进行细致的变形处理。

2.1.1　选择工具

选择工具 可用于抓取、选择、移动和改变图形形状，它是 Flash 中使用最多的工具。选中选择工具后，在工具箱下方的工具选项中会出现 3 个附属按钮，如图 2-1 所示，通过这些按钮可以完成以下操作。

- "对齐"按钮 ：单击该按钮，然后使用选择工具拖拽某一对象时，光标将出现一个圆圈，若将它向其他对象移动，则会自动吸附上去，将两个对象连接在一起。另外此按钮还可以使对象对齐辅助线或网格。
- "平滑"按钮 ：对路径和形状进行平滑处理，消除多余的锯齿。可以柔化曲线，减少整体凹凸等不规则变化，形成轻微的弯曲。
- "伸直"按钮 ：对路径和形状进行平直处理，消除路径上多余的弧度。

提示：*"平滑"按钮和"伸直"按钮只适用于形状对象（就是直接用工具在舞台上绘制的填充和路径），而对于群组、文本、实例和位图不起作用。*

为了说明"平滑"按钮和"伸直"按钮的作用，最好的方法就是通过实例看一下操作的结果。在图 2-2a 中，曲线是使用铅笔工具所绘制的，它是凹凸不平而且带有毛刺的，使用鼠标徒手绘制的结果大多如此。图 2-2b 和图 2-2c 中的曲线分别是经过 3 次平滑和伸直操作后得到的结果，用户可以看出曲线变得非常光滑。

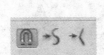

图 2-1　选择工具的附属按钮

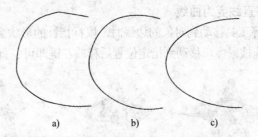

图 2-2　平滑和伸直效果

a) 原图　　b) 平滑后的效果　　c) 伸直后的效果

在工作区使用选择工具选择对象时，应注意下面几个问题。

1．选择一个对象

如果选择的是一条直线、一组对象或文本，则需要在该对象上单击即可；如果所选的对象是图形，单击一条边线并不能选择整个图形，而需要在某条边线上双击。图 2-3a 所示是单击选择一条边线的效果，图 2-3b 是双击一条边线后选择所有边线的效果。

2．选择多个对象

选择多个对象的方法主要有两种：使用选择工具框选或者按住〈Shift〉键进行复选，如图 2-4 所示。

3．裁剪对象

在框选对象时，如果只框选了对象的一部分，那么将会对对象进行裁剪操作，如图 2-5 所示。

图 2-3　不同的选择效果

a) 单击一条边线效果　b) 双击一条边线效果

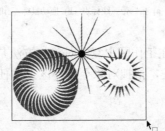

图 2-4　框选多个对象

图 2-5　裁剪对象

4．移动拐点

当鼠标指针移动到对象的拐点时，鼠标指针的形状会发生变化，如图 2-6 所示。这时可以按住鼠标左键并拖拽鼠标，改变拐点的位置，当移动到指定位置后释放左键即可。移动拐点前后的效果如图 2-7 所示。

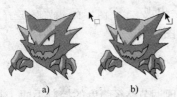

图 2-6　选择拐点时鼠标指针的变化

a) 移动鼠标指针　b) 贴近路径

图 2-7　移动拐点的过程

a) 单击拐点　b) 拖动鼠标　c) 移动效果

5. 将直线变为曲线

将选择工具移动到对象的边缘时，鼠标指针的形状会发生变化，如图2-8所示。这时按住鼠标左键并拖拽鼠标，移动到指定位置后释放左键即可。直线变曲线的前后效果如图2-9所示。

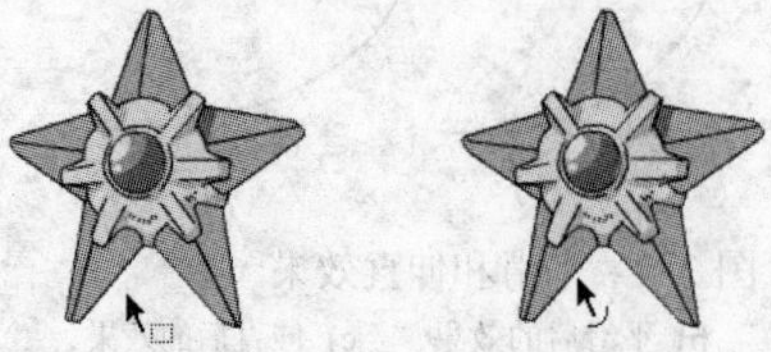

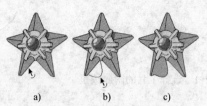

图2-8 选择对象边缘时鼠标指针的变化

图2-9 直线到曲线的变化过程

a) 单击直线 b) 拖动鼠标 c) 直线变为曲线

6. 增加拐点

用户可以在线段上增加新的拐点，当鼠标指针下方出现一个弧线的标志时，按住〈Ctrl〉键进行拖拽，移动到适当位置后释放左键，就可以增加一个拐点，如图2-10所示。

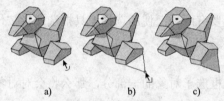

图2-10 添加拐点的操作

a) 指针带弧线标志 b) 拖动鼠标 c)增加拐点

7. 复制对象

使用选择工具可以直接在工作区中复制对象。方法是：首先选择需要复制的对象，然后按住〈Ctrl〉键或者〈Alt〉键，拖拽对象至工作区上的任意位置，最后释放鼠标左键，即可生成复制对象。

2.1.2 部分选择工具

使用部分选择工具 可以像使用选择工具那样选择并移动对象，还可以对图形进行变形等处理。当使用部分选择工具选择对象时，对象上将会出现很多的路径点，表示该对象已经被选中，如图2-11所示。

图2-11 被部分选择工具
选中的对象

1. 移动路径点

使用部分选择工具选择图形，在其周围会出现一些路径点，把鼠标指针移动到这些路径点上，在鼠标指针的右下角会出现一个白色的正方形，拖拽路径点可以改变对象的形状，如图2-12所示。

2. 调整路径点的控制手柄

选择路径点进行移动的过程中，在路径点的两端会出现调节路径弧度的控制手柄，并且选中的路径点将变为实心，拖拽路径点两边的控制手柄，可以改变曲线弧度，如图2-13所示。

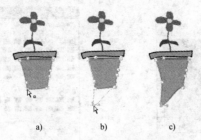

图 2-12　移动路径点的过程

a) 指针带正方形　b) 拖动鼠标　c) 移动路径点

3. 删除路径点

使用部分选择工具选中对象上的任意路径点后，按〈Delete〉键可以删除当前选中的路径点，删除路径点可以改变当前对象的形状，如图 2-14 所示。在选择多个路径点时，同样可以采用框选或者按〈Shift〉键复选的方法。

图 2-13　调整路径点两端的控制手柄

图 2-14　删除路径点

2.2　绘制路径

在 Flash 中，路径和路径点的绘制是最基本的操作，绘制路径的工具有线条工具、钢笔工具和铅笔工具。绘制路径的方法非常简单，只需使用这些工具在合适的位置单击即可，至于具体使用哪种工具，要根据实际的需要来选择。绘制路径的主要目的是为了得到各种形状。

2.2.1　线条工具

选择线条工具 ，拖拽鼠标可以在舞台中绘制直线路径。通过设置"属性"面板中的相应参数，还可以得到各种样式、粗细不同的直线路径。

提示：在使用线条工具绘制直线路径的过程中，按住〈Shift〉键，可以使绘制的直线路径围绕 45° 角进行旋转，从而很容易地绘制出水平或垂直的直线。

1. 更改直线路径的颜色

单击工具箱中的"笔触颜色"按钮 ，会打开一个调色板，如图 2-15 所示。调色板中所给出的是 216 种 Web 安全色，用户可以直接在调色板中选择需要的颜色，也可以通过单击调色板右上角的"系统颜色"按钮 ，打开"颜色"对话框，如图 2-16 所示，从中选择更多的颜色。

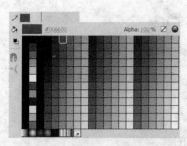

图 2-15 "笔触颜色"的调色板

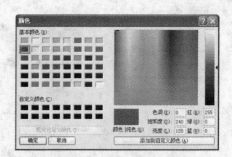

图 2-16 "颜色"对话框

同样，颜色设置也可以从"属性"面板的笔触颜色中进行调整，如图 2-17 所示由于其操作和上面的操作相似，这里就不再赘述。

提示：在 Flash CC 中，对于绘制的路径不仅可以填充单色，还可以填充渐变色，同时也可以改变路径的粗细。

2. 更改直线路径的宽度和样式

选择需要设置的线条，在"属性"面板中显示当前直线路径的属性，如图 2-18 所示。其中，"笔触"文本框用于设置直线路径的宽度，用户可以在其文本框中手动输入数值，也可以通过拖动滑块设置；"样式"下拉列表用于设置直线路径的样式效果，如图 2-19 所示。

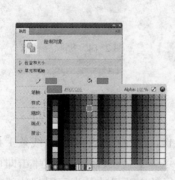

图 2-17 "属性"面板中的笔触颜色

图 2-18 直线路径的属性

如果单击"样式"下拉列表后面的"编辑"按钮，则打开"笔触样式"面板，在该面板中可以对直线路径的属性进行详细的设置，如图 2-20 所示。

图 2-19 "样式"下拉列表

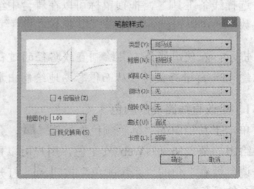

图 2-20 "笔触样式"面板

3. 更改直线路径的端点和接合点

在 Flash CC 的"属性"面板中的"端点"下拉列表，可以对所绘路径的端点设置形状，如图 2-21 所示。若分别选择"圆角"和"方形"，其效果如图 2-22 所示。

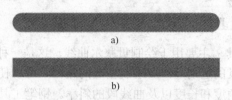

图 2-21 "端点"下拉列表　　　　图 2-22　直线路径端点的设置

a) 圆角　b) 方形

接合点指两条线段的相接处，也就是拐角的端点形状。Flash CC 提供了 3 种接合点的形状："尖角""圆角"和"斜角"，其中，"斜角"是指被"削平"的方形端点。图 2-23 所示为 3 种接合点的形状对比。

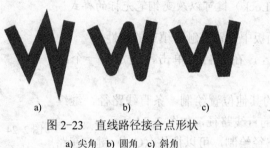

a)　　　　　　　　b)　　　　　　　　c)

图 2-23　直线路径接合点形状

a) 尖角　b) 圆角　c) 斜角

2.2.2　铅笔工具

铅笔工具 ✎ 是一种手绘工具，使用铅笔工具可以随意绘制路径和不规则的形状。这和日常生活中使用的铅笔一样，即可利用铅笔工具绘制任何需要的图形。在绘制完成后，Flash 还能够把不是直线的路径变直或者把路径变平滑。

1."铅笔模式"类型

单击工具箱中的"铅笔模式"按钮 ╮，在弹出的对话框中选择不同的"铅笔模式"类型，有"伸直""平滑"和"墨水"3 种。

● "伸直"模式：选择该模式，可以将所绘路径自动调整为平直（或圆弧形）的路径。例如，在绘制近似矩形或椭圆时，Flash 将根据它的判断，将其调整成规则的几何形状。

● "平滑"模式：选择该模式，可以平滑曲线、减少抖动，对有锯齿的路径进行平滑处理。

● "墨水"模式：选择该模式，可以随意地绘制各类路径，但不能对得到的路径进行任何修改。

提示：要得到最接近于手绘的效果，最好选择"墨水"模式。

2. 操作步骤

使用铅笔工具绘制路径的操作步骤如下。

1）在工具箱中选择铅笔工具（快捷键：〈Y〉）。

2）在"属性"面板中设置路径的颜色、宽度和样式。

3）选择需要的铅笔模式。

4）在工作区中拖拽鼠标，绘制路径。

2.2.3 钢笔工具

钢笔工具 ✦ 主要用于绘制贝塞尔曲线，这是一种由路径点调节路径形状的曲线。钢笔工具与铅笔工具的区别是：要绘制精确的路径，可以使用钢笔工具创建直线和曲线段，然后调整直线段的角度和长度以及曲线段的斜率。钢笔工具不但可以绘制普通的开放路径，还可以创建闭合的路径。

1．绘制直线路径

使用钢笔工具绘制直线路径的操作步骤如下。

1）在工具箱中选择钢笔工具（快捷键：〈P〉）。

提示：按〈Caps Lock〉键可以改变钢笔光标的样式。

2）在"属性"面板中设置笔触和填充的属性。

3）返回到工作区，在舞台上单击，确定第一个路径点。

4）单击舞台上的其他位置绘制一条直线路径，继续单击可以添加相连接的直线路径，如图 2-24 所示。

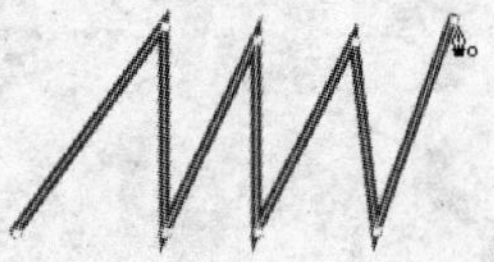

图 2-24　使用钢笔工具绘制直线路径

5）如果要结束路径绘制，可以按住〈Ctrl〉键，在路径外单击。如果要闭合路径，可以将鼠标指针移到第一个路径点上单击，如图 2-25 所示。

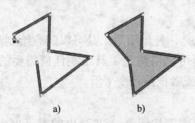

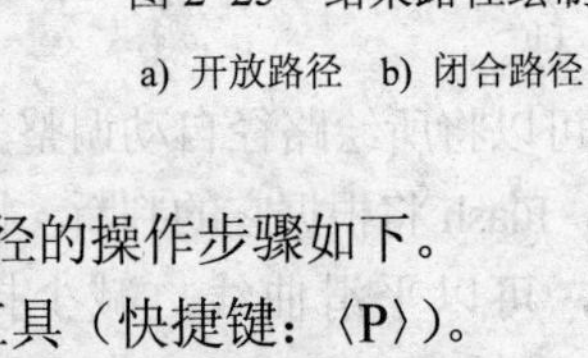

a)　　　　　b)

图 2-25　结束路径绘制

a）开放路径　b）闭合路径

2．绘制曲线路径

使用钢笔工具绘制曲线路径的操作步骤如下。

1）在工具箱中选择钢笔工具（快捷键：〈P〉）。

2）在"属性"面板中设置笔触和填充的属性。

3）返回到工作区，在舞台上单击，确定第一个路径点。

4）拖拽出曲线的方向。在拖拽时，路径点的两端会出现曲线的切线手柄。

5）释放鼠标，将指针放置在曲线结束的位置，单击，然后向相同或相反的方向拖拽，如图 2-26 所示。

6）如果要结束路径绘制，可以按住〈Ctrl〉键，在路径外单击。如果要闭合路径，可以将鼠标指针移到第一个路径点上单击。

提示：只有曲线点才会有切线手柄。

3. 转换路径点

路径点分为直线点和曲线点，要将曲线点转换为直线点，在选择路径后，使用转换锚点工具单击所选路径上已存在的曲线路径点，即可将曲线点转换为直线点，如图2-27所示。

图2-26　曲线路径的绘制　　　　图2-27　使用转换锚点工具将曲线点转换为直线点

4. 添加、删除路径点

可以使用添加锚点工具 和删除锚点工具 为路径添加或删除路径点，从而得到满意的图形。

添加路径点的方法：选择路径，使用添加锚点工具在路径边缘且没有路径点的位置单击，即可完成操作。

删除路径点的方法：选择路径，使用删除锚点工具单击所选路径上已存在的路径点，即可完成操作。

提示：在删除路径点时，只能删除直线点。

2.3　绘制简单图形

使用Flash CC中的基本形状工具，可以快速绘制想要的图形。

2.3.1　椭圆工具和基本椭圆工具

椭圆工具 用于绘制椭圆和正圆，可以根据需要设置椭圆路径的颜色、样式和填充色。当选择工具箱中的椭圆工具时，在"属性"面板中就会出现与椭圆工具相关的属性设置，如图2-28所示。

使用椭圆工具的操作步骤如下。

1）选择工具箱中的椭圆工具 。

2）根据需要在选项区中选择"对象绘制"模式。

3）在"属性"面板中设置椭圆的路径和填充属性。

4）在舞台中拖拽鼠标，绘制图形。

提示：在绘制的过程中按住〈Shift〉键，即可绘制正圆。

基本椭圆工具与椭圆工具操作相同，但是它仅能绘制矢量图形，而不能绘制包含填充内容的普通图形。

图2-28　椭圆工具的"属性"面板

2.3.2　矩形工具和基本矩形工具

矩形工具□用于创建矩形和正方形。矩形工具的使用方法和椭圆工具的一样，所不同的是矩形工具包括一个控制矩形圆角度数的属性，在"属性"面板的"矩形选项"文本框中输入圆角半径的像素点数值，即能绘制出相应的圆角矩形，如图2-29所示。

在"矩形选项"的文本框中，可以输入 0~999 的数值。数值越小，绘制出来的圆角弧度就越小，默认值为"0"，即绘制直角矩形。如果输入"999"，绘制出来的圆角弧度则最大，得到的是两端为半圆的圆角矩形，如图2-30所示。

图 2-29　矩形工具的"属性"面板

图 2-30　圆角矩形

使用矩形工具的操作步骤如下。

1）选择工具箱中的矩形工具□。

2）根据需要，在选项区中选择"对象绘制"模式○。

3）根据需要，在"属性"面板中设置矩形的圆角度数。

4）在"属性"面板中设置矩形的路径和填充属性。

5）在舞台中拖拽鼠标，绘制图形。

提示：在绘制的过程中按住〈Shift〉键，即可绘制正方形。

与基本椭圆工具一样，使用矩形工具在舞台中绘制矩形以后，如果对矩形圆角的度数不满意，可以随时进行修改。

2.3.3　多角星形工具

多角星形工具○用于创建星形和多边形。多角星形工具的使用方法和矩形工具一样，所不同的是多角星形工具的"属性"面板中多了"选项"按钮，如图 2-31 所示。单击该按钮，弹出"工具设置"对话框，在此对话框中可以设置多角星形工具的详细参数，如图2-32所示。

使用多角星形工具的操作步骤如下。

1）选择工具箱中的多角星形工具○。

2）根据需要，在选项区中选择"对象绘制"模式○。

3）单击多角星形工具"属性"面板中的"选项"按钮，在弹出的"工具设置"对话框中，设置多角星形工具的详细参数。

4）在"属性"面板中设置多角星形的路径和填充属性。

图 2-31　多角星形工具的"属性"面板 　　　图 2-32　"工具设置"对话框

5）在舞台中拖动鼠标，绘制图形，如图 2-33 所示。

图 2-33　使用多角星形工具绘制图形

2.3.4　刷子工具

刷子工具 ✐ 的绘制效果与日常生活中使用的刷子类似，是在需要进行大面积上色时使用的。使用刷子工具可以为任意区域和图形填充颜色，它对于填充精度要求不高。通过更改刷子的大小和形状，可以绘制各种样式的填充线条。

提示： 改变舞台的显示比例时，对利用刷子工具绘制出来的线条大小会有影响。

选择刷子工具时，在"属性"面板中会出现刷子工具的相关属性，如图 2-34 所示。同时，在刷子工具的选项区中也会出现一些刷子的附加功能，如图 2-35 所示。

图 2-34　刷子工具的"属性"面板 　　　图 2-35　刷子工具的选项区

1. 刷子工具的模式设置

"刷子模式"按钮  用于设置使用刷子绘图时对舞台中其他对象的影响方式，但是在绘图时不能使用"对象绘制"模式。各模式的特点如下，各模式的对比如图 2-36 所示。

- 标准绘画：新绘制的线条会覆盖同一层中原有的图形，但是不会影响文本对象和导入的对象，如图 2-36a 和图 2-36b 所示。
- 颜料填充：只能在空白区域和已有的矢量色块填充区域内绘制，并且不会影响矢量路径的颜色，如图 2-36c 所示。
- 后面绘画：只能在空白区域绘制，不会影响原有图形的颜色，所绘制出来的色块全部在原有图形下方，如图 2-36d 所示。
- 颜料选择：只能在选择的区域中绘制，也就是说，必须先选择一个区域，然后才能在被选区域中绘图，如图 2-36e 所示。
- 内部绘画：只能在起始点所在的封闭区域中绘制。如果起始点在空白区域，则只能在空白区域内绘制；如果起始点在图形内部，则只能在图形内部进行绘制，如图 2-36f 所示。

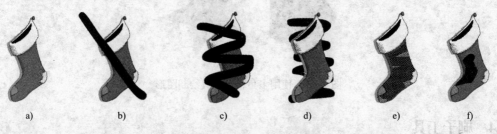

图 2-36　刷子模式的对比效果

a) 原图　b) 标准绘图模式　c) 颜料填充模式　d) 后面绘图模式　e) 颜料选择模式　f) 内部绘画模式

2. 刷子工具的大小和形状设置

"刷子大小选项"按钮 可以设置刷子的大小，共有 8 种不同的尺寸可以选择，如图 2-37 所示。

利用刷子形状选项，可以设置刷子的不同形状，共有 9 种形状的刷子样式可以选择，如图 2-38 所示。

图 2-37　刷子大小选项　　　　图 2-38　刷子形状选项

3. 锁定填充设置

"锁定填充选项"按钮 用来切换在使用渐变色进行填充时的参照点。当使用渐变色填充时，单击"锁定填充"按钮，即可将上一笔触的颜色变化规律锁定，从而作为对该区域的色彩变化规范。

4．操作步骤

使用刷子工具的操作步骤如下。

1）选择刷子工具 。

2）在"属性"面板中设置刷子工具的填充色和平滑度。

3）在工具箱中设置刷子模式。

4）在工具箱中设置刷子大小。

5）在工具箱中设置刷子形状。

6）在舞台中拖动鼠标，绘制图形。

提示：在使用刷子工具绘制的过程中，按住〈Shift〉键拖动，可将刷子笔触限定为水平方向或垂直方向。

2.3.5 橡皮擦工具

"橡皮擦工具"按钮 虽然不具备绘图的能力，但是可以使用它来擦除图形的填充色和路径。橡皮擦工具有多种擦除模式，用户可以根据实际情况来设置不同的擦除效果。

选择橡皮擦工具时，在"属性"面板中并没有相关设置，但是在工具箱的选项区中会出现橡皮擦工具的一些附加选项，如图 2-39 所示。

图 2-39　橡皮擦工具的附加选项

1．橡皮擦模式

在橡皮擦工具的选项区中单击橡皮擦模式，会打开擦除模式选项，共有 5 种不同的擦除模式，各模式的特点如下，各模式的对比如图 2-40 所示。

- 标准擦除：擦除同一层中的矢量图形、路径、分离后的位图和文本，如图 2-40b 所示。
- 擦除填色：只擦除图形内部的填充色，而不擦除路径，如图 2-40c 所示。
- 擦除线条：只擦除路径而不擦除填充色，如图 2-40d 所示。
- 擦除所选填充：只擦除事先被选择的区域，但是不管路径是否被选中，都不会受到影响，如图 2-40e 所示。
- 内部擦除：只擦除连续的、不能分割的填充色块，如图 2-40f 所示。

图 2-40　橡皮擦模式的对比效果

a）原图　b）标准擦除模式　c）擦除填色模式　d）擦除线条模式　e）擦除所选填充模式　f）内部擦除模式

2．水龙头模式

使用水龙头模式的橡皮擦工具 可以单击删除整个路径和填充区域，它被看做是油漆桶工具和墨水瓶工具的反作用，也就是将图形的填充色整体去除，或者将路径全部擦除。在使用时，只需在要擦除的填充色或路径上单击即可，如图 2-41 所示。

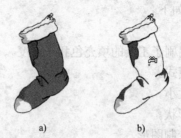

图 2-41　使用水龙头模式的对比效果

a) 原图　b) 水龙头模式

3．橡皮擦的大小和形状

打开橡皮擦大小和形状下拉列表框，可以看到 Flash CC 中提供的 10 种大小和形状不同的选项，如图 2-42 所示。

4．操作步骤

使用橡皮擦工具的操作步骤如下。

1）选择橡皮擦工具。

2）在工具箱中设置橡皮擦模式。

3）在工具箱中设置橡皮擦大小。

4）在工具箱中设置橡皮擦形状。

5）在舞台中拖拽鼠标，擦除图形。

图 2-42　橡皮擦大小和形状下拉列表框

提示：如果希望快速擦除舞台中的所有内容，可以双击橡皮擦工具。

2.4　案例实战

Flash 绘图不仅需要一定的美术功底，还需要熟练掌握各种绘图工具的操作和使用技巧。本节将通过绘制美人像和 LOGO 标识，帮助用户掌握 Flash 绘图的一般方法。

2.4.1　绘制美人像

1．案例欣赏

使用 Flash 的绘图工具创建一个美人头像，并不需要复杂的细节绘制，而只需绘制出一个轮廓图，就已经能够展示美人的风采了，如图 2-43 所示。

2．设计分析

美人头像由直线和曲线组成，对于这种复杂的路径绘制，可以使用钢笔工具来完成。在绘制过程中，搭配不同的颜色，可以突出整体效果。

图 2-43　美人头像效果

3．设计步骤

1）新建一个 Flash 文件。

2）选择工具箱中的钢笔工具 ，在"属性"面板中设置路径为黑色，路径宽度为 4，填充颜色为"#CCEBC6"，如图 2-44 所示。

3）选择工具选项中的"绘制对象"模式 。

4）在舞台的任意位置单击，创建第一个路径点，如图 2-45 所示。

—— 第一个路径点

图 2-44　钢笔工具"属性"面板 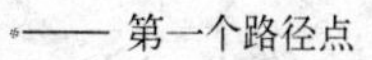　　　　图 2-45　创建第一个路径点

5）在第一个路径点右侧偏上的位置继续单击，创建第二个路径点，在两个路径点之间会自动连接一条直线路径，如图 2-46 所示。

6）把鼠标指针移动到第一个路径点，单击并拖动，即可在直线的下方绘制一条曲线，得到帽沿的形状，如图 2-47 所示。

第二个路径点

图 2-46　绘制直线　　　　　　　　图 2-47　绘制帽沿形状

7）如果对于得到的帽沿形状不满意，则可以利用部分选择工具 对路径点进行调整，从而达到最佳的效果，如图 2-48 所示。

8）选中图形，选择"编辑"→"粘贴到当前位置"命令（快捷键：〈Ctrl+Shift+V〉），可以在相同的位置复制出一个新的图形。

9）选择部分选择工具 ，调整新图形的左侧路径点，调整效果如图 2-49 所示。

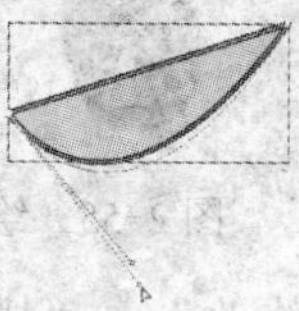

图 2-48　使用部分选择工具调整路径点　　　图 2-49　调整复制出来的图形

10）选择"修改"→"排列"→"下移一层"命令（快捷键：〈Ctrl+↓〉），把复制出来的图形移动到原来图形的下方，得到帽子的整体效果，如图 2-50 所示。如果对帽子的尺寸及帽沿的弧度不满意，还可以继续调整图形的路径点。

11）选择工具箱中的钢笔工具 ，在得到的帽子图形上方绘制帽子的顶部区域，和上面一样，绘制一个弧形区域即可，如图 2-51 所示。

图 2-50　帽子的整体效果 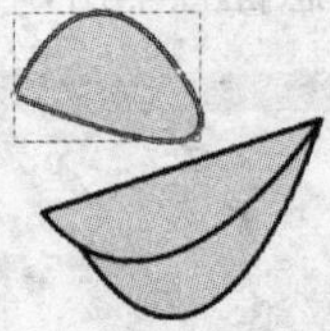　　　　　　图 2-51　绘制帽子顶部区域

12）选择部分选择工具 ，调整帽子顶部右侧路径点的位置及控制手柄，调整效果如图 2-52 所示。

说明：在使用部分选择工具调整路径点两端的控制手柄时，按〈Alt〉键可以只调整路径点一边的控制手柄。

13）调整帽子顶部和帽沿的位置之后，选择"修改"→"排列"→"移至底层"命令（快捷键：〈Ctrl+Shift+↓〉），把帽子顶部移动到最下方，效果如图 2-53 所示。

图 2-52　调整路径点两端的控制手柄 　　　　　　图 2-53　帽子效果

14）接下来绘制美人的脸部，这个绘制过程非常的重要，因为最终的效果取决于脸的形状，如图 2-54 所示。

15）选择工具箱中的钢笔工具 ，在"属性"面板中设置路径和填充样式，这里保持路径样式不变，设置填充颜色为"#663300"。

16）使用钢笔工具在舞台中绘制一个"U"字形，一共有 3 个路径点构成，如图 2-55 所示。

图 2-54　不同脸型对比 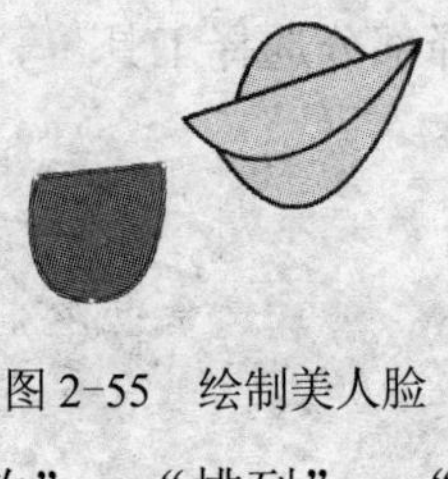　　　　　　图 2-55　绘制美人脸

17）把绘制出来的美人脸移动到帽子的下方，选择"修改"→"排列"→"下移一层"命令（快捷键：〈Ctrl+↓〉），把美人脸移动到前后帽沿之间，如图 2-56 所示。

18）选择部分选择工具 ，调整脸部最下方的路径点，把脸调正，调整效果如图 2-57 所示。

图 2-56　调整美人脸的位置　　　　　　　　图 2-57　调整脸部最下方路径点的位置

19）按〈Alt〉键分别调整脸部下方路径点两端的控制手柄，把圆下巴效果调整成尖下巴效果，如图 2-58 所示。

20）接下来绘制美人性感的嘴唇。选择工具箱中的钢笔工具 ，在"属性"面板中设置路径和填充样式，这里保持路径样式不变，设置填充颜色为"#FFCCCC"。

21）在任意位置单击创建第一个路径点，在水平向右的位置单击创建第二个路径点并且拖拽，然后回到起始路径点单击闭合路径，得到的形状如图 2-59 所示。

图 2-58　调整脸部最下方路径点两端的控制手柄　　　　　图 2-59　绘制嘴唇

22）选择部分选择工具 ，按〈Alt〉键调整右侧的路径点，调整效果如图 2-60 所示。

23）选择工具箱中的放大镜工具 ，适当放大视图的显示比例，以便于编辑细节，如图 2-61 所示。

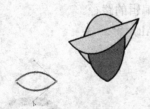

图 2-60　调整嘴唇路径点　　　　　　　　　图 2-61　放大视图显示比例

24）选择工具箱中的钢笔工具 ，在嘴唇上方的路径上添加 3 个路径点，如图 2-62 所示。

25）选择部分选择工具 ，把中间的路径点适当往下移动，调整出嘴唇的形状，调整效果如图 2-63 所示。

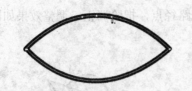

图2-62　添加路径点　　　　　　　　　图2-63　调整路径点位置

26）去掉嘴唇路径的黑色，填充前面设置好的填充色，如图2-64所示。

27）调整嘴唇和美人头的大小和位置，效果如图2-65所示。

图2-64　给嘴唇填充颜色　　　　　　　　图2-65　脸和嘴唇的效果

28）选择工具箱中的钢笔工具 ，绘制黑色的头发，效果如图2-66所示。

29）选择工具箱中的椭圆工具 ，绘制耳环，填充颜色为"#FF33CC"，效果如图2-67所示。

图2-66　绘制头发　　　　　　　　　　图2-67　绘制耳环

30）适当调整各个部分的尺寸和位置，完成绘制。

4. 设计小结

1）对于多个对象叠加的效果，可以使用"对象绘制"模式。

2）在路径上添加路径点的时候，一定要事先选中被编辑的路径。

3）在单独编辑路径点一端的控制手柄时，可以按〈Alt〉键。

2.4.2　绘制LOGO标识

1. 案例欣赏

中国工商银行标志，如图2-68所示，以一个隐性的方孔圆币，体现金融业的行业特征，标志的中心是经过变形的"工"字，中间断开，使工字更加突出，表达了深层含义。以"断"强化"续"，以"分"形成"合"。设计手法的巧妙应用，强化了标志的语言表达力。

图2-68　中国工商银行的标志

2．设计分析

看上去很复杂的图形，实际上可以分解为一些简单的基本图形，例如本例可以使用
Flash 中的基本形状工具绘制不同大小的椭圆，不同大小的矩形，然后通过这些椭圆和矩形
的叠加，就可以最终得到中国工商银行的标志。

3．设计步骤

1）新建一个 Flash 文件。

2）选择工具箱中的椭圆工具 ，在"属性"面板中设置路径颜色为无，填充颜色为红
色，如图 2-69 所示。

3）选择工具选项中的"对象绘制"模式 。

4）在舞台中绘制一个 200 像素的正圆（圆的尺寸可以直接在"属性"面板中进行设
置），如图 2-70 所示。

图 2-69　设置椭圆工具属性　　　　　　　图 2-70　绘制一个正圆

5）选择"窗口"→"对齐"命令（快捷键：〈Ctrl+K〉），打开"对齐"面板，激活"相
对于舞台"按钮，单击"水平中齐"按钮和"垂直中齐"按钮，把正圆对齐到舞台的中心位
置，效果如图 2-71 所示。

6）选择"窗口"→"变形"命令（快捷键：〈Ctrl+T〉），打开"变形"面板，把正圆
等比例缩小到原来的"80%"，然后单击"重制选区和变形"按钮，在缩小的同时复制正
圆，如图 2-72 所示。

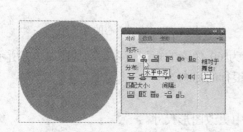
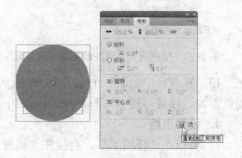

图 2-71　对齐正圆到舞台的中心　　　　　图 2-72　使用变形面板缩小并复制正圆

7）同时选中两个正圆，选择"修改"→"合并对象"→"打孔"命令，对两个正圆进行路径运算，得到的效果如图 2-73 所示。

8）选择工具箱中的矩形工具 ，在舞台中绘制一个边长为 100 像素的正方形，如图 2-74 所示。

图 2-73 打孔效果   图 2-74 绘制一个正方形

9）选择"窗口"→"对齐"命令（快捷键：〈Ctrl+K〉），打开"对齐"面板，激活"相对于舞台"按钮，单击"水平中齐"按钮和"垂直中齐"按钮，把正方形和圆环都对齐到舞台的中心位置，如图 2-75 所示。

10）选择工具箱中的矩形工具 ，设置填充色为白色，在舞台中绘制两个宽度为 30 像素、高度为 10 像素的矩形，移动到如图 2-76 所示的位置。

图 2-75 使用对齐面板对齐正方形和圆环   图 2-76 绘制两个矩形并放置到相应位置

11）在舞台中绘制两个宽度为 60 像素、高度为 10 像素的矩形，移动到如图 2-77 所示的位置。

12）在舞台中绘制一个宽度为 5 像素、高度为 110 像素的矩形，移动到如图 2-78 所示的位置。

图 2-77 绘制两个矩形并放置到相应位置   图 2-78 绘制中心的细长矩形

13）在舞台中绘制一个宽度为 10 像素、高度为 60 像素的矩形，移动到如图 2-79 所示的位置。这样就得到了如图 2-68 所示的中国工商银行的标志。

4．设计小结

1）可以在选择图形后，直接在"属性"面板中更改图形尺寸。

2）在对齐多个对象时可以使用"对齐"面板。

3）当需要以百分比为单位调整图形大小的时候，可以打开"变形"面板。

图 2-79 绘制中心的粗短矩形

2.5 习题

1．选择题

（1）使用椭圆工具 绘制一个正圆，应按的键是（   ）。
    A．〈Ctrl〉   B．〈Shift〉   C．〈Alt〉   D．〈Ctrl+Alt〉

（2）使用钢笔工具 创建路径时，关于定位点的说法正确的是（   ）。
    A．绘制曲线路径时，其定位点叫曲线点，默认形状为空心圆圈
    B．绘制直线路径时，其定位点叫直线点，默认形状为实心正方形
    C．用户可以添加或删除路径上的定位点但是不能移动
    D．以上说法都正确

（3）能够像使用铅笔一样绘制线条和形状的是（   ）。
    A．   B．   C．   D．

（4）关于使用铅笔工具 绘图，下列说法错误的是（   ）。
    A．可以很随意地画线条和形状，就像在纸上用真正的铅笔画图一样
    B．当用户画完线条之后，Flash 会自动作一些调整，使之更笔直或更平滑
    C．线条笔直或平滑到什么程度，取决于选定的绘图模式
    D．设置线条笔直或平滑到什么程度，可以有 4 种绘图模式选择

（5）关于使用选择工具 调整形状，下列说法错误的是（   ）。
    A．要修改线条或形状的外框，可以使用箭头工具拖动线条的任意点
    B．如被移动的点是一个终点，则可以延长或缩短线条
    C．如果被移动的点是一个角点，虽然线段会延长或缩短，但是该点将变为曲线点
    D．放大显示比例可以使调整形状的操作更容易、更精确

2．操作题

（1）使用选择工具对对象进行变形操作。
（2）使用"对象绘制"模式中的"合并"命令创建各种形状。
（3）使用钢笔工具绘制简单图形。
（4）使用基本形状工具绘制简单图形。

第3章 Flash CC 颜色工具操作

设计动画时，颜色是一个不容忽视的问题，它以一种"隐蔽"的方式传达各种信息，影响观看者的心理和感受，进而影响他们的判断和选择。因此，颜色对于动画设计而言是非常重要的。Flash CC 提供了多种颜色的编辑和管理工具，用户可以根据实际的动画要求，编辑和管理颜色。

本章要点
- Flash CC 中的颜色工具
- Flash CC 中的颜色编辑
- Flash CC 中的颜色管理
- Flash CC 中的填充模式

3.1 颜色工具

动画效果的好坏，不仅取决于动画的声音和光效，颜色的合理搭配也是非常重要的。Flash CC 中的颜色工具，提供了对图形路径和填充色进行编辑和调整的功能，用户可以轻松创建各种颜色效果，并将其应用到动画中。

3.1.1 墨水瓶工具

墨水瓶工具 可以改变路径的粗细、颜色和样式等，并且可以给分离后的文本或图形添加路径轮廓，但墨水瓶工具本身是不能绘制图形的。墨水瓶工具的"属性"面板如图 3-1 所示。

图 3-1 墨水瓶工具的"属性"面板

使用墨水瓶工具的操作步骤如下。

1）选择工具箱中的墨水瓶工具。

2）在"属性"面板中设置描边路径的颜色、粗细和样式。

3）在图形对象上单击。

3.1.2 颜料桶工具

颜料桶工具 ◇ 用于填充单色、渐变色及位图上封闭的区域，同时也可以更改已填充的区域颜色。在填充时，如果被填充的区域是不闭合的，则可以通过设置颜料桶工具的"空隙大小"来进行填充。颜料桶工具的"属性"面板如图 3-2 所示。同时，颜料桶工具的选项区中也会出现一些附加选项，如图 3-3 所示。

图 3-2　颜料桶工具的"属性"面板

图 3-3　颜料桶工具的附加选项

1．空隙大小

空隙大小 ◎ 是颜料桶工具特有的选项，单击此按钮会出现一个下拉菜单，有 4 个选项，如图 3-4 所示。

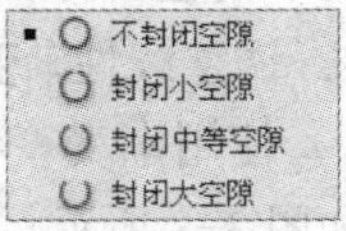

用户在进行填充颜色操作的时候，可能会遇到无法填充颜色的问题，原因是所选择的区域不是完全闭合的区域。解决的方法有两种：一是闭合路径，二是使用空隙大小选项。各空隙大小选项的功能如下。

- 不封闭空隙
- 封闭小空隙
- 封闭中等空隙
- 封闭大空隙

图 3-4　空隙大小选项

- 不封闭空隙：填充时不允许空隙存在。
- 封闭小空隙：如果空隙很小，Flash 会近似地将其判断为完全封闭空隙而进行填充。
- 封闭中等空隙：如果空隙中等，Flash 会近似地将其判断为完全封闭空隙而进行填充。
- 封闭大空隙：如果空隙很大，Flash 会近似地将其判断为完全封闭空隙而进行填充。

2．锁定填充

选择颜料桶工具选项中"锁定填充"功能 ▣，可以将位图或者渐变填充扩展覆盖在要填充的图形对象上，该功能和刷子工具的锁定功能类似。

3．操作步骤

使用颜料桶工具的操作步骤如下。

1）选择工具箱中的颜料桶工具。

2）选择一种填充颜色。

3）选择一种空隙大小选项。

4）单击需要填充颜色的区域，如图 3-5 所示为填充前后的效果对比。

图 3-5　使用颜料桶工具的前后对比

3.1.3 滴管工具

滴管工具 可以从 Flash 的各种对象上获得颜色和类型的信息,帮助用户快速得到颜色。

Flash CC 中的滴管工具和其他绘图软件中的滴管工具在功能上有很大的区别。如果滴管工具吸取的是路径颜色,则会自动转换为墨水瓶工具,如图 3-6 所示。如果滴管工具吸取的是填充颜色,则会自动转换为颜料桶工具,如图 3-7 所示。

图 3-6　吸取路径颜色　　　　　　　　　　图 3-7　吸取填充颜色

滴管工具没有"属性"面板,在工具箱的选项区中也没有附加选项,它的功能就是对颜色特征进行采集。

3.1.4 渐变变形工具

渐变变形工具用于调整渐变的颜色、填充对象和位图的尺寸、角度及中心点。使用渐变变形工具调整填充内容时,在调整对象的周围会出现一些控制手柄,根据填充内容的不同,显示的手柄也会有所区别。

1. 调整线性渐变

1)使用渐变变形工具单击需要调整的对象,在被调整对象的周围会出现一些控制手柄,如图 3-8 所示。

2)拖拽中间的空心圆点,可以调整线性渐变中心点的位置,如图 3-9 所示。

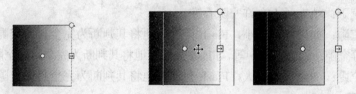

图 3-8　选择线性渐变对象　　　　图 3-9　调整线性渐变中心点位置

3)拖拽右上角的空心圆点,可以调整线性渐变的方向,如图 3-10 所示。

4)拖拽右边的空心方点,可以调整线性渐变的范围,如图 3-11 所示。

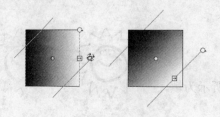
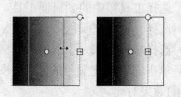

图 3-10　调整线性渐变方向　　　　　　图 3-11　调整线性渐变范围

2. 调整放射状渐变

1）使用渐变变形工具单击放射状渐变对象，在被调整对象的周围会出现一些控制手柄，如图 3-12 所示。

2）拖拽中间的空心圆点，可以调整放射性渐变中心点的位置，如图 3-13 所示。

图 3-12　选择放射状渐变对象　　　　图 3-13　调整放射状渐变中心点位置

3）拖拽中间的空心倒三角，可以调整放射状渐变中心的方向，如图 3-14 所示。

4）拖拽右边的空心方点，可以调整放射状渐变的宽度，如图 3-15 所示。

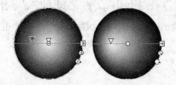

图 3-14　调整放射状渐变中心方向　　　　图 3-15　调整放射状渐变宽度

5）拖拽右边中间的空心圆点，可以调整放射状渐变的范围，如图 3-16 所示。

6）拖拽右边下方的空心圆点，可以调整放射状渐变的旋转角度，如图 3-17 所示。

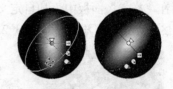

图 3-16　调整放射状渐变范围　　　　图 3-17　调整放射状渐变旋转角度

3. 调整位图填充

1）使用渐变变形工具单击位图填充对象，在被调整对象的周围会出现一些控制手柄，如图 3-18 所示。

2）拖拽中间的空心圆点，可以调整位图填充中心点的位置，如图 3-19 所示。

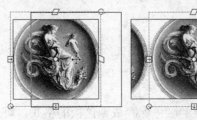

图 3-18　选择位图填充对象　　　　图 3-19　调整位图填充中心点位置

3）拖拽上方和右边的空心四边形，可以调整位图填充的倾斜角度，如图3-20所示。

4）拖拽左边和下方的空心方点，可以分别调整位图填充的宽度和高度，拖拽右下角的空心圆点则可以同时调整位图填充的宽度和高度，如图3-21所示。

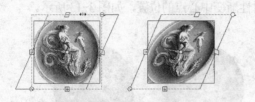

图3-20　调整位图填充倾斜角度　　　　图3-21　调整位图填充的大小

3.2　颜色管理

Flash 提供了多种方法来应用、生成和修正颜色，同时也可以对动画中的颜色进行编辑和管理。每个 Flash 文件都有自己的调色板，用户可以在 Flash 文件之间导入/导出调色板，也可以在 Flash 与其他软件之间进行该项操作，如 Fireworks 和 Photoshop 等。下面介绍"样本"面板和"颜色"面板的使用方法。

3.2.1　"样本"面板

样本面板的主要作用是保存和管理 Flash 文件中的颜色。选择"窗口"→"样本"命令（快捷键：〈Ctrl+F9〉），可以打开"样本"面板，如图3-22所示。

1．添加颜色

如果要在"样本"面板中添加自定义的颜色，可以在选择该颜色以后，在"样本"面板的灰色空白区域单击即可添加，如图3-23所示。

图3-22　"样本"面板　　　　　　　图3-23　添加自定义颜色

2．删除颜色

如果要删除"样本"面板中自定义的颜色，可以按住〈Ctrl〉键，在"样本"面板中自定义的颜色上单击，如图3-24所示。

3．保存颜色样本

如果要把自定义的颜色保存成调色板的格式，可以右击"样本"面板，在弹出的快捷菜单中选择"保存颜色"命令，如图3-25所示。

图 3-24　删除自定义颜色　　　　　　　　图 3-25　"保存颜色"命令

说明：Flash 保存的颜色样本格式为"clr"和"act"。

4．添加新的颜色样本

如果要在"样本"面板中添加新的颜色，可以右击"样本"面板，在弹出的快捷菜单中选择"添加颜色"命令，如图 3-26 所示。

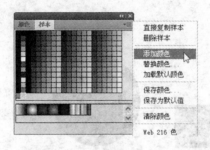

图 3-26　"添加颜色"命令

3.2.2　"颜色"面板

"颜色"面板的主要作用是创建颜色，它提供了多种不同的颜色创建方式。选择"窗口"→"混色器"命令（快捷键：〈Shift+F9〉），可以打开"颜色"面板，如图 3-27 所示。

图 3-27　"颜色"面板

1．设置单色

在"颜色"面板中可以设置颜色，也可以对现有的颜色进行编辑。在"红""绿""蓝"

3 个文本框中输入数值，就可以得到新的颜色；在"Alpha"文本框中输入不同的百分比，就可以得到不同的透明度效果。

在"颜色"面板中选择一种基色后，调节右侧黑色小三角箭头的位置，就可以得到不同明暗的颜色。

2. 设置渐变色

渐变色就是从一种颜色过渡到另一种颜色的过程。利用这种填充方式，可以轻松地表现出光线、立体及金属等效果。Flash 中提供了"线性渐变"和"放射状渐变"两种类型。"线性渐变"的颜色变化方式是从左到右沿直线进行的，如图 3-28 所示。"放射状渐变"的颜色变化方式是从中心向四周扩散变化的，如图 3-29 所示。

选择一种渐变色以后，即可在"颜色"面板中对颜色进行调整。要更改渐变中的颜色，可以单击渐变定义栏下面的某个指针，然后在展开的渐变栏下面的颜色空间中单击，拖动"亮度"控件可以调整颜色的亮度，如图 3-30 所示。

图 3-28　线性渐变　　　　图 3-29　放射状渐变　　　　图 3-30　调整渐变色

说明： 如果需要向渐变中添加指针，可以在渐变定义栏上面或下面单击。要重新放置渐变上的指针，沿着渐变定义栏拖动指针即可，若将指针向下拖离渐变定义栏，可以将其删除。

3. 设置渐变溢出

所谓溢出，是指当应用的颜色超出了这渐变的限制，会以何种方式填充空余的区域。也就是当一段渐变结束，还不够填满某个区域时，如何处理多余的空间。

Flash 提供了 "扩充""映射"和"重复"3 种溢出样式，它们只能在"线性"和"放射状"两种渐变状态下使用，如图 3-31 所示。

溢出样式的特点如下。

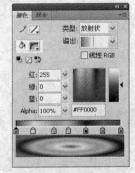

图 3-31　渐变溢出设置

- "扩充"样式：使用渐变变形工具，缩小渐变的宽度，如图 3-32 所示。可以看到，缩窄后渐变居于中间，渐变的起始色和结束色一直向边缘蔓延开来，填充了空出来的地方，这就是所谓的扩充样式。
- "映射"样式：该样式是指把现有的小段渐变进行对称翻转，使其合为一体、头尾相接，然后作为图案平铺在空余的区域，并且根据形状大小的伸缩，一直把此段渐变重复下去，直到填充满整个形状为止，如图3-33所示。

图3-32 "扩充"样式　　　　　　　　　　　　图3-33 "映射"样式

● "重复"样式：该样式比较容易理解，可以想象此段渐变有无数个副本，它们像排队一样，一个接一个地连在一起，以填充溢出后空余的区域。在图3-34中，用户可以明显看出该样式和"映射"样式之间的区别。

4. 设置位图填充

在Flash中可以把位图填充到矢量图形中，如图3-35所示。

图3-34 "重复"样式

图3-35 添加自定义颜色

使用"颜色"面板设置位图填充的操作步骤如下。

1）选择舞台中的矢量对象。

2）打开"颜色"面板。

3）在类型中选择"位图"填充。

4）单击"导入"按钮，查找需要填充的位图素材。

3.3 案例实战

本节通过4个实例介绍Flash中颜色工具的具体操作。

3.3.1 宠物涂鸦

很多时候，在操作的过程中需要为图形对象添加边框路径，使用墨水瓶工具可以快速完成该效果。下面通过一个具体的案例来说明，其操作步骤如下。

1）新建一个Flash文件。

2）选择"文件"→"导入"→"导入到舞台"命令（快捷键：〈Ctrl+R〉），导入素材图片，如图3-36所示。这张图片的不足之处是没有边框路径，给人感觉很空洞，下面使用墨水瓶工具来给"小兔子"描边。

3）选择工具箱中的墨水瓶工具，设置"笔触"颜色为彩虹渐变色（对于"填充"颜色不必进行设置，因为墨水瓶工具不会对填充进行任何的修改）。

4）在"属性"面板中设置"笔触"的高度为"2"，"样式"为"实线"，如图3-37所示。

5）设置完毕后，把鼠标指针移动到图形上，会显示为倾倒的墨水瓶形状，如图3-38所示。

6）在图形上单击，"小兔子"的身体周围就描绘出了边框路径。使用同样的方法给整个图形添加边框路径，效果如图3-39所示。

图3-36　没有边框路径的原图　　　　　　　图3-37　墨水瓶工具"属性"面板

图3-38　显示为墨水瓶形状的鼠标指针　　　图3-39　使用墨水瓶工具给图形描边

说明：对图形使用墨水瓶工具描边时，不仅可以选择单色描边，还可以使用渐变色来进行描边。对于已经有了边框路径的图形，同样可以使用墨水瓶工具重新描边，但所有被描边的图形必须处于网格状的可编辑状态。

3.3.2　照样描红

如果在原来绘图时使用某种颜色，现在希望再次利用相同的颜色，那么可以使用滴管工具快速得到相同的颜色。下面通过一个具体的案例来说明，其操作步骤如下。

1）新建一个Flash文件。

2）选择"文件"→"导入"→"导入到舞台"命令（快捷键：〈Ctrl+R〉），导入素材图片，如图3-40所示。左边图片是已经上好颜色的效果，现在需要把左边图片的颜色吸取过来，填充到右边没有颜色的图形上。

3）选择工具箱中的滴管工具，这时鼠标指针会显示为滴管状，把鼠标移动到需要吸取颜色的图形上，如图 3-41 所示。

图 3-40　导入的图片素材

图 3-41　使用滴管工具选择吸取颜色区域

4）单击吸取颜色，这时，鼠标指针会根据当前选择的颜色类型自动转换为相应的填充工具，如图 3-42 所示。然后单击填充颜色。

5）重复以上 3）、4）两步的操作，把所有的颜色都填充到右边的图形上，最终完成效果如图 3-43 所示。

图 3-42　把颜色填充到右边的图形上

图 3-43　颜色填充完成效果

3.3.3　设计 Web 按钮

在 Flash 中通过调整渐变色，可以很轻松地实现立体的按钮效果。下面通过一个具体的案例来说明，其操作步骤如下。

1）新建一个 Flash 文件。

2）选择工具箱中的椭圆工具，激活"对象绘制"模式，在舞台中绘制一个正圆，如图 3-44 所示。

3）选中正圆，在"属性"面板中选择"放射状"渐变，如图 3-45 所示。

图 3-44　在舞台中绘制一个正圆

图 3-45　调整正圆的颜色为"放射状"渐变

4）在"属性"面板中设置"笔触"颜色为无，去掉椭圆的边框路径。

5）选择工具箱中的渐变变形工具，调整"放射状"渐变的中心点位置和渐变范围，调整后的效果如图 3-46 所示。

6）选择"窗口"→"变形"命令（快捷键:〈Ctrl+T〉），打开"变形"面板，把正圆等比例缩小为原来的 60%，并且同时旋转 180°，如图 3-47 所示。

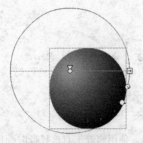
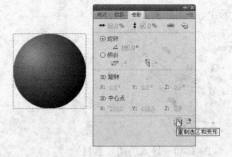

图 3-46 使用渐变变形工具调整渐变色 　　　　　图 3-47 "变形"面板

7）单击"变形"面板中的"重制选区和变形"按钮 ，则复制了一个新的正圆，如图 3-48 所示。

8）选中所复制出来的正圆，在变形面板中将其等比例缩小为原来的 57%，旋转角度为 0°，如图 3-49 所示。

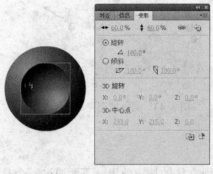

图 3-48 复制并且变形以后得到的效果 　　　　图 3-49 使用变形面板对正圆变形

9）单击 "重制选区和变形"按钮，得到如图 3-50 所示的按钮效果。

10）选择工具箱中的文本工具，在按钮上书写文本"1"，最终效果如图 3-51 所示。

说明： 在实际的动画设计中，很多的立体效果都是通过渐变色的调整来实现的。

图 3-50 得到的按钮效果 　　　　　　　　　　图 3-51 最终效果

3.3.4 给美眉更衣

如果在动画设计中仅仅使用矢量图形，给人的感觉就比较单调，而且不真实。用户可以通过在矢量图形中填充位图图像来解决这个问题。下面通过一个具体的案例来说明，其操作步骤如下。

1）新建一个 Flash 文件。

2）选择"文件"→"导入"→"导入到舞台" 命令（快捷键:〈Ctrl+R〉），导入矢量素材图片，如图 3-52 所示。

3）选择"窗口"→"混色器"命令（快捷键:〈Shift+F9〉），打开"颜色"面板。在"颜色"面板中选择"位图"填充。

4）单击"导入"按钮，在弹出的"导入到库"对话框中查找需要填充的位图素材，这里选择"素材 1"，如图 3-53 所示。

图 3-52　导入的矢量素材　　　　　　　　图 3-53　"导入到库"对话框

5）单击"打开"按钮，选中的素材会出现在"颜色"面板中，如图 3-54 所示。

6）选择舞台中矢量图形"美女"的衣服区域，在"颜色"面板中的位图素材上单击，把位图填充到矢量图形中，如图 3-55 所示。

图 3-54　颜色面板中的位图素材　　　　　图 3-55　把位图填充到矢量图形中

7）选择工具箱中的渐变变形工具，调整位图的填充范围，如图 3-56 所示。

8）继续调整其他的衣服区域，最终效果如图 3-57 所示。

说明：在 Flash 中不仅仅可以填充位图，还可以对填充的位图进行相应的调整。

图 3-56 使用渐变变形工具调整位图填充范围　　　　图 3-57 最终完成效果

3.4 习题

1．选择题

（1）关于使用箭头工具调整形状，下列说法错误的是（　　　）。

    A．要修改线条或形状的外框，可以使用箭头工具拖动线条的任意点

    B．如果被移动的点是一个终点，则可以延长或缩短线条

    C．如果被移动的点是一个角点，虽然线段会延长或缩短，但是该点将变为曲线点

    D．放大显示比例也可以使调整形状的操作更容易、更精确

（2）关于使用刷子工具，下列说法错误的是（　　　）。

    A．使用刷子工具，用户还可以创建出一些特殊效果，例如书法效果

    B．使用刷子工具的调节设置可以选择刷子的大小

    C．导入的位图图像也可以作为刷子的填充颜色

    D．使用刷子工具的调节设置不可以选择刷子的形状

（3）在 Flash 中，使用钢笔工具创建路径时，关于定位点的说法正确的是（　　　）。

    A．绘制曲线路径，其定位点叫曲线点，默认形状为空心圆圈

    B．绘制直线路径时，其定位点叫角点，默认形状为实心正方形

    C．用户可以添加或删除路径上的定位点，但是不能移动

    D．以上说法都对

（4）要使工具箱中的笔触和填充控件应用颜色，下列操作错误的是（　　　）。

    A．单击笔触和填充控件旁边的三角形按钮，从其下拉列表中选择一种颜色

    B．单击滴管工具，使用滴管工具选择一种颜色

    C．在颜色文本框中输入颜色的十六进制值

    D．单击工具箱中的切换填充和笔触颜色的按钮，可以使外框颜色和填充颜色互换

2．操作题

（1）使用墨水瓶工具和颜料桶工具改变图形的颜色。

（2）导入一张图片，使用滴管工具把图片上的主要颜色吸取下来，保存到"样本"面板中。

（3）绘制一个场景，用不同的色彩和填充方式表现道路、山、树丛和太阳。

（4）把"样本"面板中得到的颜色保存成"act"颜色表的形式。

第4章 Flash CC 文字特效及其应用

一个完整精美的动画不能少了文本的修饰。Flash 的文本编辑功能非常强大，用户除了可以通过 Flash 输入文本，制作各种很酷的字体效果外，还可以进行交互输入等。

本章要点
- Flash CC 中的文本工具
- Flash CC 中的文本特效
- Flash CC 中的文本分离
- Flash CC 中的文本类型

4.1 添加文本

在 Flash 中，大部分的信息需要用文本来传递，因此，几乎所有的动画都使用了文本。

4.1.1 输入文本

选择工具箱中的文本工具 T，这时鼠标指针会显示为一个十字文本。在舞台中单击，直接输入文本即可，Flash 中的文本输入方式有如下两种。

1. 创建可伸缩文本框

1）选择工具箱中的文本工具。

2）在工作区的空白位置单击。

3）这时在舞台中会出现文本框，并且文本框的右上角显示空心的圆形，表示此文本框为可伸缩文本框，如图 4-1 所示。

4）在文本框中输入文本，文本框会跟随文本自动改变宽度，如图 4-2 所示。

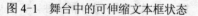

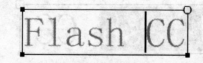

图 4-1　舞台中的可伸缩文本框状态　　　　图 4-2　在可伸缩文本框中输入文本

2. 创建固定文本框

1）选择工具箱中的文本工具。

2）在工作区的空白位置单击，然后拖拽鼠标绘制出一个区域。

3）这时在舞台中会出现文本框，并且文本框的右上角显示空心的方形，表示此文本框为固定文本框，如图 4-3 所示。

4）在文本框中输入文本，文本会根据文本框的宽度自动换行，如图 4-4 所示。

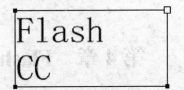

图 4-3　舞台中的固定文本框状态　　　　　　　　图 4-4　在固定文本框中输入文本

4.1.2　修改文本

Flash 可以使用文本工具对已添加文本进行修改，修改文本的方式有以下两种。

1．在文本框外部修改

直接选择文本框调整文本属性，可以对当前文本框中的所有文本同时进行设置。

1）选择工具箱中的选择工具，单击需要调整的文本框，如图 4-5 所示。

2）在"属性"面板中调整相应的文本属性。

3）所有文本效果同时被更改。

2．在文本框内部修改

进入到文本框的内部，可以对同一个文本框中的不同文本分别进行设置。

1）选择工具箱中的文本工具，单击需要调整的文本框，进入到文本框内部，如图 4-6 所示。

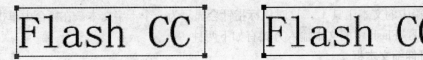

图 4-5　选择舞台中的文本　　　　　　　　　　图 4-6　进入文本框内部

2）选择需要调整的文本，如图 4-7 所示。

3）在"属性"面板中调整相应的文本属性。

4）所选文本效果被更改，如图 4-8 所示。

图 4-7　选择需要修改的文本　　　　　　　　　图 4-8　修改选择文本的属性

4.1.3　设置文本属性

选择工具箱中的文本工具，在"属性"面板中会出现相应的文本属性设置，用户可以在其中设置文本的字体、大小和颜色等文本属性，如图 4-9 所示。

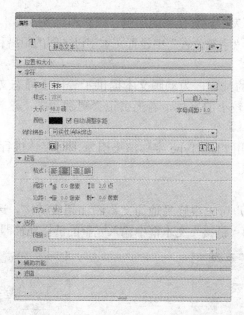

图 4-9　文本工具的"属性"面板

1．设置文本样式

1）在"字符"选项组的"系列"下拉列表中，可以调整文本的字体样式，如图 4-10 所示。

2）拖拽"大小"文本框右侧的滑块改变文本的字体大小，也可以在文本框中直接输入数值。

3）设置当前文本的颜色。可以单击"颜色"块，在调色板中选择颜色，如图 4-11 所示。

图 4-10　文本的字体属性

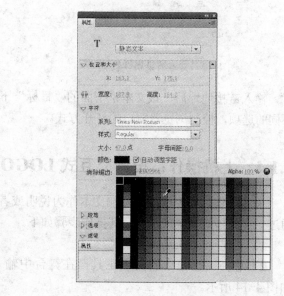

图 4-11　文本的填充颜色属性设置

4）在"样式"下拉列表中设置文本的加粗、倾斜和对齐方式。

5）在"字母间距"和"字符位置"中设置文本字母之间的距离和基线对齐方式。

2．设置文本渲染

Flash 包含字体渲染的预置，为动画文本提供了等同于静态文本的高质量优化。新的渲染引擎使得文本即使是较小的字体，看上去也会更加清晰，这一功能是 Flash 的一大重要改进。

Flash CC 允许用户使用 FlashType 字体渲染引擎，对字体进行更多的控制，如图 4-12 所示。

3．设置文本链接

在 Flash CC 中，用户可以很轻易地为文本添加超级链接。选择工作区中的文本，在"属性"面板"选项"组的"链接"文本框中输入完整的链接地址即可，如图 4-13 所示。

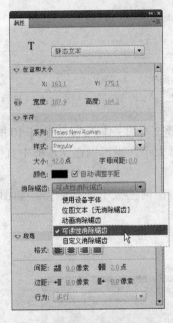

图 4-12　文本渲染属性设置

图 4-13　文本的链接设置

输入链接地址后，该文本框下面的"目标"下拉列表框会变成激活状态，可以从中选择不同的选项，控制浏览器窗口的打开方式。

4.1.4　上机操作：设计交互式 LOGO

很多时候，需要给动画添加文本作为说明或者修饰，以传递作者需要表达的信息。下面通过一个具体的案例来说明，其操作步骤如下。

1）新建一个 Flash 文件。

2）选择工具箱中的文本工具，在舞台中输入"动画设计 Flash Professional CC"，如图 4-14 所示。

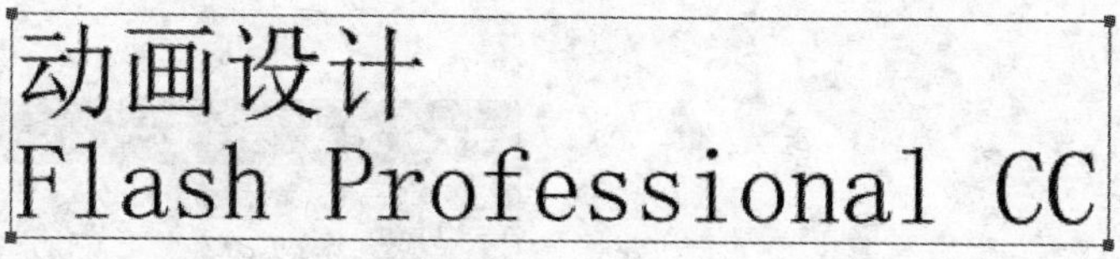

动画设计
Flash Professional CC

图 4-14　输入文字

3）选择工具箱中的文本工具，在舞台中的文本上单击，进入到文本框的内部，拖拽选择"动画设计"4 个字，如图 4-15 所示。

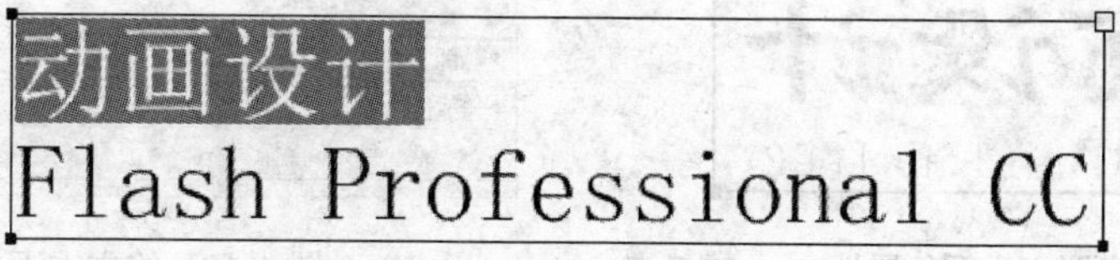

动画设计
Flash Professional CC

图 4-15　选择文本框中的文本

4）在"属性"面板中设置"动画设计"4 个字的属性：字体为"隶书"，字体大小为"50"，效果如图 4-16 所示。

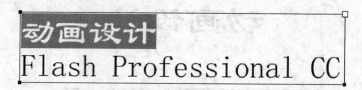

图 4-16　设置文本属性

5）选择"Flash Professional CC"，设置字体为"Arial"，字体大小为"14"，字母间距为"2"，效果如图 4-17 所示。

图 4-17　设置英文文本属性

6）将"计"和"Professional"的文本填充颜色设置为红色，效果如图 4-18 所示。

7）使用工具箱中的选择工具，选择整个文本框。

8）在当前文本的"属性"面板中设置文本的链接，地址为：http://www.adobe.com/，如图 4-19 所示。

9）选择"控制"→"测试影片"命令（快捷键：〈Ctrl+Enter〉），在 Flash 播放器中预览动画效果，如图 4-20 所示。

10）单击链接文本，可以跳转到相应的网页上。

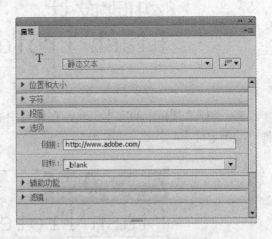

图 4-18 设置文本颜色属性   图 4-19 给文本添加超链接

图 4-20 完成后的最终效果

4.2 文本的转换

在 Flash 动画设计过程中，常常需要对文本进行修改，如把文本转换为矢量图形或者给文本添加渐变色等。

4.2.1 分离文本

Flash 中的文本是比较特殊的矢量对象，不能对它直接进行渐变色填充和绘制边框路径等针对矢量图形的操作；也不能制作形状改变的动画。若要进行以上操作，首先要对文本进行"分离"。分离的作用是把文本转换为可编辑状态的矢量图形。具体的操作步骤如下。

1）选择工具箱中的文本工具，在舞台中输入文字"动画设计"，如图 4-21 所示。

2）选择"修改"→"分离"命令（快捷键：〈Ctrl+B〉），原来的单个文本框会拆分成 4 个文本框，并且每个字符各占一个，如图 4-22 所示。此时，每一个字符都可以单独使用文本工具进行编辑。

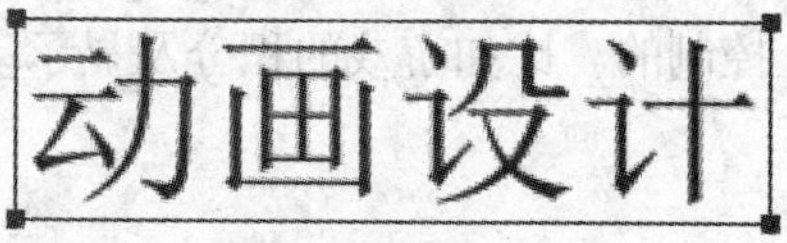

图 4-21　输入文字　　　　　　　　　　　图 4-22　拆分成 4 个文本框

3）选择所有的文本，继续使用"修改"→"分离"命令（快捷键：〈Ctrl+B〉），这时所有的文本都会转换为网格状的可编辑状态，如图 4-23 所示。

　　提示：虽然可以将文本转换为矢量图形，但是这个过程是不可逆转的，即不能将矢量图形转换成文本。

图 4-23　网格状可编辑状态

4.2.2　编辑矢量文本

　　将文本转换为矢量图形后，就可以对其进行路径编辑、填充渐变色和添加边框路径等操作了。

1. 给文本填充渐变色

　　首先把文本转换为矢量图形，然后在颜色面板中为文本设置渐变色效果，如图 4-24 所示。

2. 编辑文本路径

　　首先把文本转换为矢量图形，然后使用工具箱中的部分选择工具对文本的路径点进行编辑，从而改变文本的形状，如图 4-25 所示。

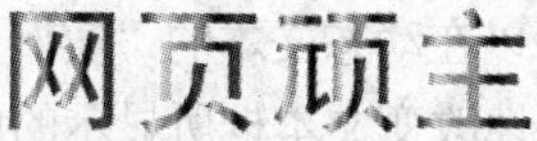

图 4-24　渐变色文本 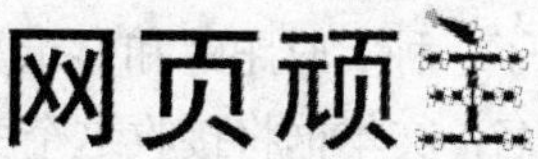　　　　　　　　　　　图 4-25　编辑文本路径点

3. 给文本添加边框路径

　　首先把文本转换为矢量图形，然后使用工具箱中的墨水瓶工具为文本添加边框路径，如图 4-26 所示。

4. 编辑文本形状

　　首先把文本转换为矢量图形，然后使用工具箱中的任意变形工具对文本进行变形操作，如图 4-27 所示。

图 4-26　给文本添加边框路径

图 4-27　编辑文本形状

4.3　文本的类型

　　在 Flash CC 中，一共有 3 种类型的文本：静态文本、动态文本和输入文本。一般的动画制作中主要使用静态文本，在动画的播放过程中，静态文本是不可以编辑和改变的。动态

文本和输入文本都是在 Flash 中结合函数来进行交互控制的。比如游戏的积分及显示动画的播放时间等。

4.3.1　静态文本

静态文本是在动画设计中应用最多的一种文本类型，也是 Flash 软件默认的文本类型。当在工作区中输入文本后，在文本的"属性"面板中会显示文本的类型和状态，如图 4-28 所示。

"消除锯齿"右侧下拉菜单中的"使用设备字体"选项的作用是减少 Flash 文件中的数据量。Flash 中有 3 种设备字体：_sans、_serif 和_typewrite。当选择该命令的时候，Flash 播放器就会在当前机器上选择与这 3 种字体最相近的字体来替换动画中的字体。

如果激活了"可选"按钮 ，在播放动画的过程中，可以选择这些文本，并且可以进行复制和粘贴。

4.3.2　动态文本

动态文本在结合函数的 Flash 动画中应用的很多，用户可以在文本"属性"面板中选择"动态文本"类型，如图 4-29 所示。

图 4-28　静态文本的"属性"面板

选择动态文本，表示要在工作区中创建可以随时更新的信息，它提供了一种实时跟踪和显示文本的方法。用户可以在动态文本的"实例名称"文本框中为该文本命名，文本框将接收这个变量的值，从而动态地改变文本框所显示的内容。

为了与静态文本相区别，动态文本的控制手柄出现在文本框右下角，如图 4-30 所示。和静态文本一样，空心的圆点表示单行文本，空心的方点表示多行文本。

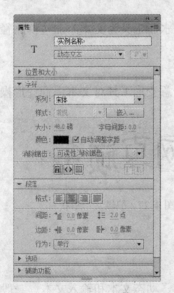

图 4-29　动态文本"属性"面板

图 4-30　动态文本框的控制手柄

58

4.3.3 输入文本

输入文本也是为了和函数交互而应用到 Flash 动画中的，用户可以在文本"属性"面板中选择"输入文本"类型，如图 4-31 所示。

输入文本与动态文本的用法一样，但是它可以作为一个输入文本框来使用，在 Flash 动画播放时，可以通过这种输入文本框输入文本，实现用户与动画的交互。

如果激活了"将文本呈现为 HTML"按钮 ⚙，则文本框将支持输入 HTML 格式。

如果激活了"在文本周围显示边框"按钮 ▣，则会显示文本区域的边界及背景。

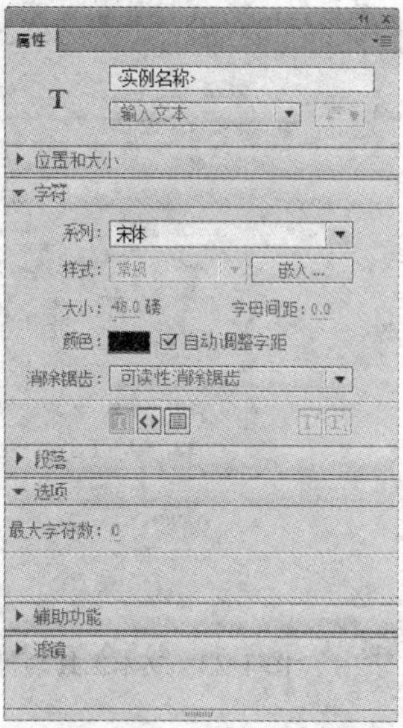

4.4 案例实战

本节通过 3 个实例介绍 Flash 中文字特效工具的应用及操作。

图 4-31 输入文本"属性"面板

4.4.1 设计空心文字

1．案例欣赏

空心字在很多地方都可以用到，制作空心字的方法有很多，下面是 Flash 制作的空心字效果，如图 4-32 所示。

图 4-32 空心字效果

2．设计分析

空心字就是没有填充色、只有边框路径的文字，所以要对文字进行路径的编辑。

3．设计步骤

1）新建一个 Flash 文件。

2）选择工具箱中的文本工具，在"属性"面板中设置文本类型为"静态文本"，颜色为"蓝色"，字体为"黑体"，字体大小为"96"，如图 4-33 所示。

3）在舞台中输入"网页顽主" 4 个字，如图 4-34 所示。

4）选择"修改"→"分离"命令（快捷键：〈Ctrl+B〉）把文本分离，对于多个文字的文本框需要分离两次才可以分离成可编辑的网格状，如图 4-35 所示。

5）选择工具箱中的墨水瓶工具，在"属性"面板中设置笔触颜色为"黑色"，"笔触"为"3"，"样式"为"锯齿线"，如图 4-36 所示。

图 4-33 文本工具"属性"面板

网页顽主

图 4-34 输入文本

网页顽主

图 4-35 把文本分离成可编辑状态

图 4-36 墨水瓶工具的"属性"面板

6）使用墨水瓶工具在舞台中的文本上单击，给文本添加边框路径，如图 4-37 所示。

7）使用工具箱中的选择工具，选择文本的蓝色填充，按〈Delete〉键删除，只保留边框路径，完成最终效果，如图 4-38 所示。

图 4-37 给文本添加边框路径　　　　图 4-38 完成的空心文字效果

4. 设计小结

1）要给文本添加边框路径，一定要事先分离。

2）在分离多个文字的文本时，一定要分离两次才能分离到可编辑状态。

4.4.2 设计披雪文字

1. 案例欣赏

使用披雪文字进行广告宣传能很清晰明了地表现雪天的气氛，效果如图 4-39 所示。

图 4-39　披雪文字效果

2. 设计分析

要实现文字的披雪效果，需要对文字的上下部分填充不同的颜色，所以要对文字进行路径的编辑。

3. 设计步骤

1）新建一个 Flash 文件。

2）选择"修改"→"文档"命令（快捷键：〈Ctrl+J〉），在弹出的"文档设置"对话框中设置舞台的背景颜色为黑色，如图 4-40 所示。

3）选择工具箱中的文本工具，在"属性"面板中设置文本类型为"静态文本"，颜色为"黄色"，字体为"华文彩云"，字体大小为"96"，如图 4-41 所示。

图 4-40　设置舞台背景颜色

图 4-41　文本工具"属性"面板

4）在舞台中输入"网页顽主"4 个字，如图 4-42 所示。

5）选择"修改"→"分离"命令（快捷键：〈Ctrl+B〉）把文本分离，对于多个文字的文本框，需要分离两次才可以分离成可编辑的网格状，如图 4-43 所示。

图 4-42　输入文本

图 4-43　把文本分离成可编辑状态

6）选择工具箱中的墨水瓶工具，在"属性"面板中设置笔触颜色为"红色"，"笔触"为"1"，"样式"为"实线"，如图 4-44 所示。

7）使用墨水瓶工具在舞台中的文本上单击，给文本添加边框路径，如图 4-45 所示。

图 4-44 墨水瓶工具的属性设置 　　　　　　　　图 4-45 给文本添加边框路径

8）选择工具箱中的橡皮擦工具，在工具箱的选项区中选择"擦除填色"模式和橡皮擦的大小，如图 4-46 所示。

9）使用橡皮擦工具擦除舞台中文本上方的区域，注意擦除的时候尽量使擦除的边缘为椭圆，如图 4-47 所示。

10）选择工具箱中的油漆桶工具，在"属性"面板中设置填充色为"白色"，在所擦除的区域上单击，填充白色，如图 4-48 所示。

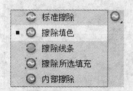

图 4-46 选择"擦除填色"模式 　　　　　　图 4-47 使用橡皮擦工具擦除文本上方区域

11）使用工具箱中的选择工具，把文本的所有边框路径都选中并且删除，如图 4-49 所示。

图 4-48 使用油漆桶工具在擦除的区域填充白色 　　　　图 4-49 删除文本的边框路径

12）最后选择工具箱中的墨水瓶工具，给白色填充的边缘添加白色的路径，目的是让白色区域看起来更厚重一些，如图 4-50 所示。

图 4-50 删除文本的边框路径

4. 设计小结

在使用橡皮擦工具的时候，要根据实际的情况选择不同的擦除模式。

4.4.3 设计立体线框字

1. 案例欣赏

在 Flash 中，使用文本工具结合绘图工具，可以轻松创建立体文字效果，如图 4-51 所示。

图 4-51 立体文字效果

2. 设计分析

立体的对象不再是二维的，而是三维的，需要有一定的空间思维能力，结合 Flash 中的绘图工具，实现立体的效果。

3. 设计步骤

1）新建一个 Flash 文件。

2）选择工具箱中的文本工具，在"属性"面板中设置文本类型为"静态文本"，颜色为"绿色"，字体为"Arial"，字体样式为"Black"，字体大小为"96"，如图 4-52 所示。

3）使用文本工具在舞台中输入大写的"AEF"，如图 4-53 所示。

图 4-52 文本工具"属性"面板　　　　　　图 4-53 输入文本

4）在按住〈Alt〉键的同时，使用工具箱中的选择工具拖拽该文本，可以复制出一个新的文本，如图 4-54 所示。

5）把复制出来的文本更改为红色，并且和当前的绿色文本略错开放置，如图 4-55 所示。

图 4-54 复制文本　　　　　　图 4-55 调整复制出来的文本位置

6）同时选中两个文本。选择"修改"→"分离"命令（快捷键：〈Ctrl+B〉）把文本分离，对于多个文字的文本框，需要分离两次才可以分离成可编辑的网格状，如图 4-56 所示。

7）选择工具箱中的墨水瓶工具，在"属性"面板中设置笔触颜色为"黑色"，"笔触"为"1"，"样式"为"实线"，如图 4-57 所示。

图 4-56　把文本分离成可编辑状态　　　　图 4-57　墨水瓶工具的"属性"面板

8）使用墨水瓶工具在舞台中的文本上单击，给文本添加边框路径，如图 4-58 所示。

9）选择工具箱中的直线工具，把文本的各个顶点都连接起来，如图 4-59 所示。注意在直线工具的选项中不要选择"对象绘制"模式，同时要把直线工具的"对齐对象"模式打开。

图 4-58　给文本添加边框路径　　　　　　图 4-59　把文本的各个顶点连接起来

10）使用工具箱中的选择工具，把所有文本的填充都删除，只保留边框路径，如图 4-60 所示。

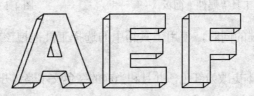

图 4-60　删除文本的填充色块

11）使用工具箱中的选择工具，把最后多余的一些线条删除，效果完成。

4.5　习题

1．选择题

（1）若 Flash 动画中使用了本机系统没有安装的字体，在使用 Flash 播放器播放时，下列说法正确的是（　　　）。

  A．能正常显示字体　　　　　　　　B．能显示但是使用替换字体

  C．什么都不显示　　　　　　　　　　D．以上说法都错误

（2）对多字符的文本进行"分离"后，下列说法正确的是（　　　）。

  A．每个文本块中只包含 1 个字符　　B．每个文本块中只包含 2 个字符

  C．每个文本块中只包含 3 个字符　　D．每个文本块中只包含 4 个字符

（3）在 Flash 播放器中，能够输入文本的文本框类型是（　　　）。

  A．静态文本框　　　　　　　　　　　B．动态文本框

  C．输入文本框　　　　　　　　　　　D．以上说法都对

（4）在 Flash 中，动态文本框是通过（　　　）和程序传递数据的。

  A．实例名称　　　　　　　　　　　　B．变量名称

  C．URL 链接　　　　　　　　　　　　D．文本字体

（5）要给文本添加渐变色，需要对文本进行的操作是（　　　）。

  A．直接填充渐变色

  B．组合文本后，添加渐变色

  C．把文本转换为元件后，添加渐变色

  D．分离文本后，添加渐变色

2．操作题

在舞台中输入自己的姓名，进行如下的设置。

（1）设置字体为"黑体"，颜色为"红色"，字体大小为"100"，效果如图 4-61 所示。

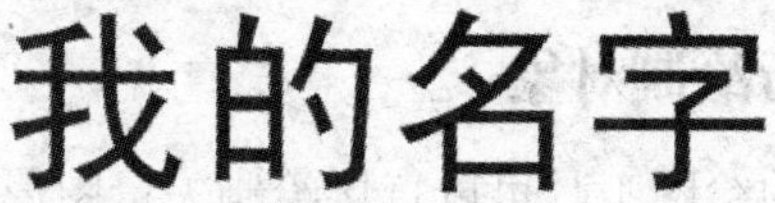

图 4-61　设置字体

（2）设置其超级链接，效果如图 4-62 所示。

（3）为文本填充渐变色，并且为边框路径也填充渐变色，效果如图 4-63 所示。

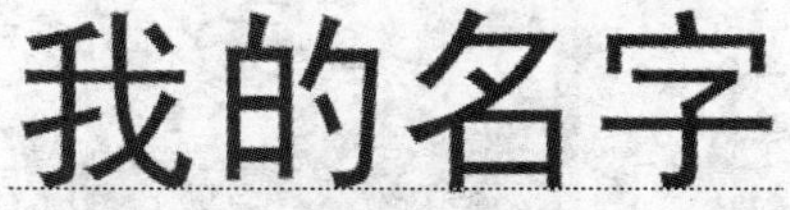

图 4-62　设置超级链接 　　　　　　　　　　　　图 4-63　填充渐变色

（4）给文本填充位图，填充的位图素材可以使用自己的照片。

第 5 章　Flash CC 对象编辑和操作

使用 Flash CC 进行动画创作，需要用到一些相关的对象，这些对象就是动画的素材。在进行动画编辑之前，设计者要根据头脑中形成的动画场景将相应的对象绘制出来或者从外部导入，并利用 Flash CC 对这些对象进行编辑，包括位置和形状等各方面，使它们符合动画的要求，这是动画制作必要的前期工作。

本章要点
- 对象的来源
- Flash CC 中的素材类型
- Flash CC 中图片素材的编辑

5.1　对象的来源

"巧妇难为无米之炊"，要想将自己脑海中的巧妙构思最终实现为精彩的动画作品，必须有足够的和高品质的可供操作的对象，这些对象的产生有两种途径，即使用 Flash CC 提供的绘图工具自行绘制或从外部导入。

5.1.1　在 Flash CC 中自行绘制对象

使用 Flash CC 所提供的绘图工具可以直接绘制矢量图形，从而使用图形生成简单的动画效果，如图 5-1 所示。

图 5-1　使用 Flash 的绘图工具绘制简单图形来制作动画

用 Flash CC 直接绘制出来的矢量图形有两种不同的属性，即路径形式（Lines）和填充形式（Fills）。前面曾提到过，使用基本形状工具可以同时绘制出边框路径和填充颜色，就是这两种不同属性的具体表现。下面通过一个简单的案例来说明两种形式的区别，具体操作步骤如下。

1）新建一个 Flash 文件。

2）分别选择工具箱中的铅笔工具和笔刷工具，在位图中绘制粗细接近的两条直线，如图 5-2 所示。

3）选择工具箱中的选择工具，把鼠标指针移动到路径的边缘，通过拖拽改变路径的形状，如图 5-3 所示。

图 5-2　在舞台中分别绘制路径和色块　　　　　　图 5-3　路径变形前后的效果对比

4）选择工具箱中的选择工具，把鼠标指针移动到色块的边缘，通过拖拽改变色块的形状，如图 5-4 所示。

图 5-4　色块变形前后的效果对比

可以看到：由于属性不同，即使有时它们两者的形状完全相同，在进行编辑时也有完全不同的特性，因此相应使用的工具和编辑的方法也不同。

5.1.2　导入外部对象

动画的制作往往是复杂而有针对性的，在很多情况下不可能用手工绘制的方法得到所有对象，所以可以从其他的地方将对象导入。导入方式有 3 种：导入到舞台、导入到库和打开外部库。

1. 导入到舞台

可以把外部的图片素材直接导入到当前的动画舞台中，下面通过一个简单的案例来说明，具体操作步骤如下。

1）新建一个 Flash 文件。

2）选择"文件"→"导入"→"导入到舞台"命令（快捷键：〈Ctrl+R〉），在弹出的"导入"对话框中查找需要导入的素材，如图 5-5 所示。

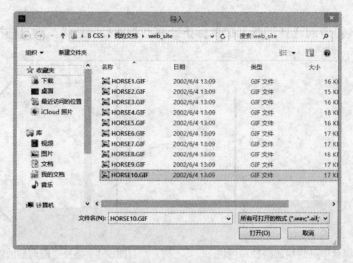

图 5-5　查找素材

3）选中需要的素材，单击"打开"按钮，素材会直接导入到当前的舞台中，如图 5-6 所示。

说明：如果要导入的文件名称以数字结尾，并且在同一文件夹中还有其他按顺序编号的文件，Flash 会自动提示是否导入文件序列，如图 5-7 所示。单击"是"按钮，可以导入所有的顺序文件；单击"否"按钮，则只导入指定的文件。

图 5-6　导入到舞台的图片　　　　图 5-7　选择是否导入所有的素材

2. 导入到库

导入到库的操作过程和导入到舞台基本一样，所不同的是，导入到库中的对象会自动保存到库中，而不在舞台出现，下面通过一个简单的案例来说明，具体操作步骤如下。

1）新建一个 Flash 文件。

2）选择"文件"→"导入"→"导入到库"命令，在弹出的"导入到库"对话框中查找需要导入的素材，如图 5-8 所示。

3）单击"打开"按钮，素材会直接导入到当前动画的库中，如图 5-9 所示。

4）选择"窗口"→"库"命令（快捷键：〈Ctrl+L〉），打开"库"面板。选择需要调用的素材，按住鼠标左键直接拖拽到舞台中的相应位置，如图 5-10 所示。

图 5-8　查找素材

图 5-9　导入到库中的声音

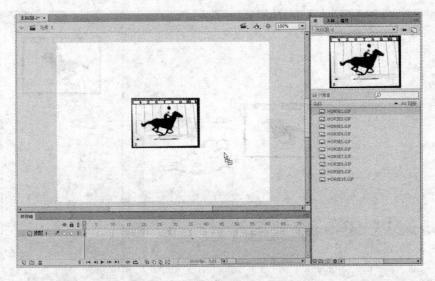
图 5-10　把库中的素材添加到舞台中

3．打开外部库

打开外部库的作用是只打开其他动画文件的"库"面板而不打开舞台，这样做的好处是可以方便地在多个动画中互相调用不同库中的素材。下面通过一个简单的案例来说明，具体操作步骤如下。

1）新建一个 Flash 文件。

2）选择"文件"→"导入"→"打开外部库"命令（快捷键：〈Ctrl+Shift+O〉），在弹出的"打开"对话框中查找需要打开的动画源文件，如图 5-11 所示。

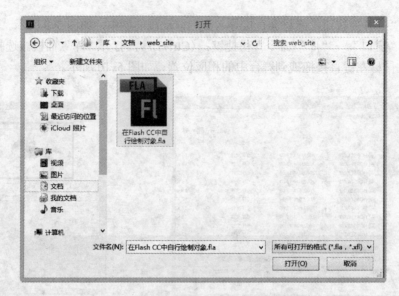

图 5-11　查找需要打开的动画源文件

3）单击"打开"按钮，打开所选动画源文件的"库"面板，如图 5-12 所示。

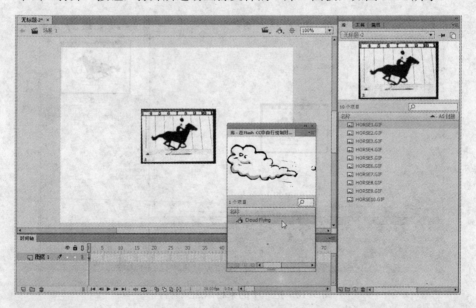

图 5-12　打开其他动画的"库"面板

4）打开的动画"库"面板呈灰色显示，但是同样可以直接用鼠标拖拽其中素材到当前动画中来，从而实现不同动画素材的互相调用。

提示：有关 Flash CC 库的概念在第 6 章中有详细的介绍。

说明：Flash CC 作为一款动画制作软件，在对象编辑方面，它不具备专业编辑软件的强大功能，如图形编辑功能及声音编辑功能等。所以如果对所需对象要求较高，而对其他相关软件又有一些了解时，可以先在该软件中编辑相应的对象，之后再将其导入到 Flash CC 中，进行下一步的动画制作。

5.2　素材基础知识

Flash 动画中的素材并不仅仅指图片素材，同时也包括动画中需要的声音和视频等素材。综合使用各种素材，才能够制作出更好的动画效果。

5.2.1　Flash CC 的图片素材

在使用 Flash 绘图之前，必须了解一些与图片素材相关的概念。计算机中图片的显示方式有两种：矢量格式和位图格式。Flash 动画最大的特点就是支持"矢量"绘图。

1. 矢量图

矢量图使用称作矢量的直线和曲线描述图像，矢量也包括颜色和位置属性，所以比较适合用来设计较为精密的图形。在采用矢量方式绘制图形时，可以对矢量图形进行移动、调整大小、重定形状以及更改颜色等操作，而不更改其外观品质。矢量图形与分辨率无关，这意味着它们可以显示在各种分辨率的输出设备上，而丝毫不影响品质，如图 5-13 所示。

图 5-13　矢量图放大前后的对比效果

提示：矢量图是 Flash 动画的基础，由于它具有以上的优点，在动画制作的时候，为了使动画文件变小，在一般的情况下应尽量使用矢量图。当然，对于一些对图像要求比较高的地方，也可以有限制地使用位图。

2. 位图

位图是把图像上的每一个像素加以存储的图像类型，经过扫描仪或数码相机得到的图片都是位图，位图更适合表现自然真实的图像，存储方式以像素为单位，颜色更加丰富。

在编辑位图图像时，修改的是像素点，而不是直线和曲线。位图图像与分辨率有关，因为描述图像的数据是固定到特定尺寸的网格上的，通过编辑位图，可以更改它的外观品质，特别是调整位图图像的大小，会使图像的边缘出现锯齿，这是因为网格内的像素重新进行分布的缘故，如图 5-14 所示为位图放大前后的对比效果。

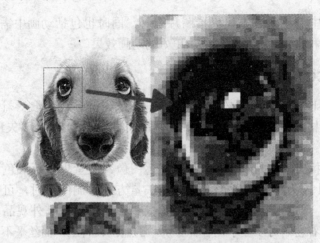

图 5-14　位图放大前后的对比效果

5.2.2　Flash CC 的声音素材

为动画配音堪称点睛之笔，因为利用声音往往可以实现动画所不能表达的效果。Flash CC 几乎支持了现在计算机系统中所有主流的声音文件格式，如 WAV（仅限 Windows）、AIFF（仅限 Macintosh）、MP3（Windows 或 Macintosh）等。

说明：所有导入到 Flash 中的声音文件会自动保存到当前 Flash 动画的库中。

5.2.3　Flash CC 的视频素材

Flash CC 的视频功能较以往版本有了很大的改进，它支持一种新的编码格式——On2 的 VP6，这种编码格式较 Flash 7 的视频编码格式有了很大提高。Flash CC 还支持α透明功能，使设计人员在 Flash 视频中可以整合文本、矢量图像及其他 Flash 元素。所支持导入的视频文件格式包括 AVI（音频视频交叉）、DV（数字视频）、MPG、MPEG（运动图像专家组）、MOV（QuickTime 影片）、WMV、ASF（Windows 媒体文件）。

如果系统上安装了 QuickTime 4 或更高版本（Windows 或 Macintosh）、DirectX 7 或更高版本（仅限 Windows），则可以导入更多文件格式的嵌入视频剪辑，包括 MOV（QuickTime 影片）、AVI（音频视频交叉文件）、MPG/MPEG（运动图像专家组文件）及 MOV 格式的链接视频剪辑等。

提示：如果要导入视频文件的格式，Flash CC 不支持，它会显示一个提示信息，说明不能完成导入。对于某些视频文件，Flash CC 只能导入其中的视频部分而无法导入其中的音频。

5.2.4 上机操作：模拟电视机播放视频

在 Flash 动画中结合视频将能实现更加丰富的动画效果。下面通过一个案例来说明，具体操作步骤如下。

1）新建一个 Flash 文件。

2）选择"文件"→"导入"→"导入到舞台" 命令（快捷键：〈Ctrl+R〉），把图片素材"电视效果素材.png"导入到当前动画的舞台中，如图 5-15 所示。

3）单击时间轴面板中的"新建图层"按钮，创建一个新的图层"图层 2"，如图 5-16 所示。

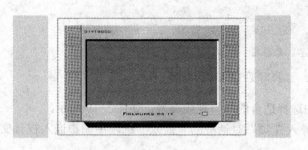
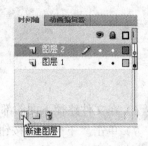

图 5-15　在舞台中导入图片素材　　　　　　　图 5-16　创建一个新的图层

4）选择"文件"→"导入"→"导入视频"命令，在弹出的"导入视频"对话框中单击"浏览"按钮，弹出"打开"对话框，查找视频文件的位置，如图 5-17 所示。

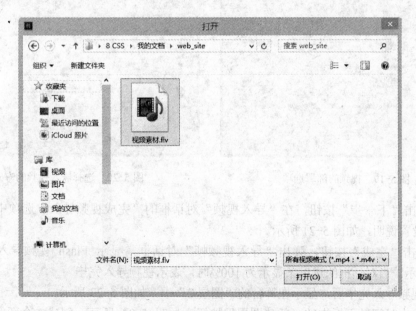

图 5-17　选择需要导入的视频文件

5）把视频素材"视频素材.flv"导入到当前舞台的"图层 2"中，如图 5-18 所示。

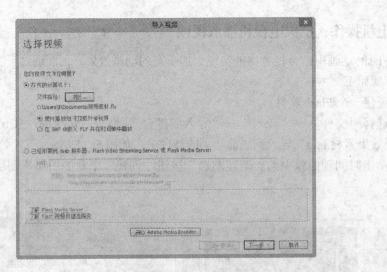

图 5-18　选择需要打开的视频文件

6）在文件路径下面的部署选项中选择适合的部署视频类型，如图 5-19 所示。

7）单击"下一步"按钮，在"导入视频"对话框的"嵌入"选项中调整嵌入视频文件的方式，如图 5-20 所示。

图 5-19　视频的部署选项

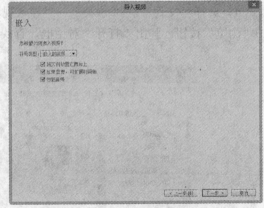

图 5-20　选择嵌入视频的方式

8）单击"下一步"按钮，在"导入视频"对话框的"完成视频导入"选项中会出现视频文件的设置说明，如图 5-21 所示。

9）单击"完成"按钮，弹出"导入视频帧"对话框，显示 Flash 视频导入进程，如图 5-22 所示。当对话框的进度条显示为 100% 时，表示视频导入完毕。

10）视频导入完毕后，显示在舞台的"图层 2"中，如图 5-23 所示。

11）单击时间轴面板中的"新建图层"按钮，如图 5-24 所示，创建一个新的图层"图层 3"。

12）选择工具箱中的矩形工具，在"图层 3"中绘制一个和电视机屏幕同样大小的矩形，颜色不限，如图 5-25 所示。

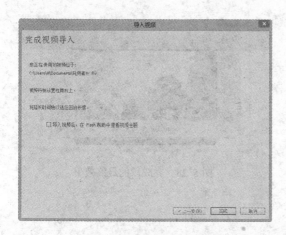

图 5-21 "完成视频导入"选项

图 5-22 "导入视频帧"对话框

图 5-23 导入到舞台中的视频

图 5-24 创建一个新的图层

13）把"图层 3"中的矩形和"图层 1"中的电视屏幕调整到相同的位置。

14）选择时间轴面板中的"图层 3"，右击，在弹出的快捷菜单中选择"遮罩层"命令，如图 5-26 所示。

图 5-25 绘制一个和电视屏幕同样大小的矩形

图 5-26 选择"遮罩层"命令

15）这样就可以把视频的内容显示在矩形内，动画效果完成，如图 5-27 所示。

16）选择"控制"→"测试影片"命令（快捷键：〈Ctrl+Enter〉），在 Flash 播放器中预览动画效果，如图 5-28 所示。

说明：在 Flash 中结合视频制作特殊效果的方法还有很多，用户可以自己尝试。

图 5-27　动画效果完成　　　　　　　　图 5-28　完成后的最终效果

5.3　编辑位图

　　虽然 Flash 是一个矢量绘图软件，所提供的工具也都是矢量绘图工具，但是在 Flash 中仍然可以简单地编辑位图，并可以结合位图在 Flash 中制作动画效果，如图 5-29 所示。

图 5-29　结合位图的 Flash 动画

5.3.1　设置位图属性

　　在 Flash CC 中，所有导入到动画中的位图都会自动保存到当前动画的"库"面板中，用户可以在"库"面板中对位图的属性进行设置，从而对位图进行优化，加快下载速度。具体操作步骤如下。

　　1）首先把位图素材导入到当前动画中。

　　2）选择"窗口"→"库"命令（快捷键：〈Ctrl+L〉），打开当前动画的"库"面板，如图 5-30 所示。

　　3）选择"库"面板中需要编辑的位图素材并双击。

　　4）在弹出的"位图属性"对话框中对所选位图进行设置，如图 5-31 所示。对各个选项的功能说明如下。

　　● 选择"允许平滑"复选框，可以平滑位图素材的边缘。

　　● 展开"压缩"下拉列表，如图 5-32 所示。选择"照片"选项表示用 JPEG 格式输出图像，选择"无损"选项表示以压缩的格式输出文件，但不牺牲任何的图像数据。

图 5-30 "库"面板

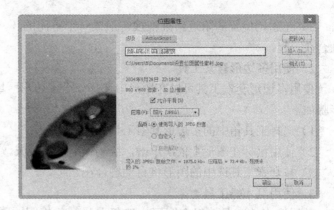

图 5-31 "位图属性"对话框

● "品质"区：选择"使用导入的 JPEG 数据"选项表示使用位图素材的默认质量，也可以选择"自定义"选项，并在其文本框中输入新的品质值，如图 5-33 所示。

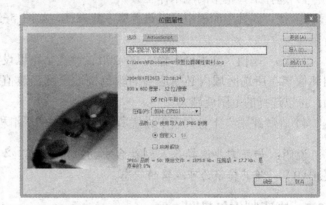

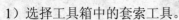

图 5-32 "压缩"选项的下拉列表

图 5-33 自定义位图属性

● 单击"更新"按钮，表示更新导入的位图素材。
● 单击"导入"按钮，可以导入一张新的位图素材。
● 单击"测试"按钮，可以显示文件压缩的结果，并与未压缩的图片大小进行比较。

5.3.2 套索工具

套索工具主要用来选择图像中任意形状的区域，选中后的区域可以作为单一对象进行编辑。套索工具也常常用于分割图像中的某一部分。

单击工具箱中的套索工具，可以在工具箱的选项区中看到套索工具的附加选项，包含魔术棒工具和多边形套索工具，如图 5-34 所示。

1．使用套索工具

使用套索工具可以在图形中选择一个任意的绘制区域，具体操作步骤如下。

图 5-34 套索工具的附加选项

1）选择工具箱中的套索工具。
2）沿着对象区域的轮廓拖拽鼠标绘制。

3）在起始位置的附近结束拖拽，形成一个封闭的环，则被套索工具选中的图形将自动融合在一起。

2．使用多边形套索工具

使用多边形套索工具可以在图形中选择一个多边形区域，其每条边都是直线，具体操作步骤如下。

1）选择工具箱中的多边形套索工具。

2）使用鼠标在图形上依次单击，绘制一个封闭区域。

3）被套索工具选中的图形将自动融合在一起。

3．使用魔术棒工具

使用魔术棒工具可以在图形中选择一片颜色相同的区域，它与前两工具的不同之处在于，套索工具和多边形套索工具选择的是形状，而魔术棒工具选择的是一片颜色相同的区域。具体操作步骤如下。

1）选择工具箱中的魔术棒工具。

2）在"属性"面板中可以设置魔术棒属性，如图 5-35 所示。

3）在"阈值"文本框中输入 0～200 的整数，可以设定相邻像素在所选区域内必须达到的颜色接近程度。数值越高，可以选择的范围就越大。

图 5-35　魔术棒"属性"面板

4）在"平滑"下拉列表中设置所选区域边缘的平滑程度。

说明：如果需要选择导入到舞台中的位图素材，必须先选择"分离"命令（快捷键：〈Ctrl+B〉），将其转换为可编辑的状态。

5.3.3　快速制作矢量图

位图是由像素点构成的，而矢量图是由路径和色块构成的，它们在本质上有着很大的区别。Flash CC 提供了一个非常有用的"转换位图为矢量图"命令，这样在动画制作中，获得素材的方式就更多了。下面通过一个简单的案例来说明，具体操作步骤如下。

1）新建一个 Flash 文件。

2）选择"文件"→"导入"→"导入到舞台" 命令（快捷键：〈Ctrl+R〉），把图片素材导入到当前动画的舞台中，如图 5-36 所示。

图 5-36　在舞台中导入图片素材

3）选择"修改"→"位图"→"转换位图为矢量图"命令，弹出"转换位图为矢量图"对话框，如图 5-37 所示。对各个选项的功能说明如下。

- 颜色阈值：在这个文本框中输入的数值范围是 1～500。当两个像素进行比较后，如果它们在 RGB 颜色值上的差异低于该颜色阈值，则两个像素被认为是颜色相同。如果增大了该阈值，则意味着降低了颜色的数量。
- 最小区域：在这个文本框中输入的数值范围是 1～1000。用于设置在指定像素颜色时要考虑的周围像素的数量。
- 曲线拟合：用于确定所绘制轮廓的平滑程度，其下拉列表如图 5-38 所示。其中，选择"像素"，图像最接近于原图；选择"非常紧密"，图像不失真；选择"紧密"，图像几乎不失真；选择"一般"，是推荐使用的选项；选择"平滑"，图像相对失真；选择"非常平滑"，图像严重失真。

图 5-37 "转换位图为矢量图"对话框   图 5-38 "曲线拟合"下拉列表

- 角阈值：用于确定是保留锐边还是进行平滑处理，其下拉列表如图 5-39 所示。其中，选择"较多转角"，表示转角很多，图像将失真；选择"一般"，是推荐使用的选项；选择"较少转角"，图像不失真，如图 5-40 所示为使用不同设置的位图转换效果。

图 5-39 "角阈值"下拉列表

图 5-40 使用不同设置的位图转换效果

a) 原图 b) 颜色阈值为 200，最小区域为 10 c) 颜色阈值为 40，最小区域为 4

提示： 如果导入的位图包含复杂的形状和许多颜色，则转换后的矢量图文件会比原来的位图文件大。

5.3.4 上机操作：设计交友卡

在 Flash 动画中结合视频能够实现更加丰富的动画效果。下面通过一个具体的案例来说明，具体操作步骤如下。

1）新建一个 Flash 文件。

2）选择"文件"→"导入"→"导入到舞台" 命令（快捷键：〈Ctrl+R〉），把图片素材"背景.jpg"导入到当前动画的舞台中，如图 5-41 所示。

3）选择"修改"→"分离"命令（快捷键：〈Ctrl+B〉），把导入到当前动画的位图素材"背景.jpg"转换为可编辑的网格状，如图 5-42 所示。

图 5-41　在舞台中导入图片素材　　　　　图 5-42　把位图转换为可编辑状态

4）取消当前图片的选择状态，选择工具箱中的套索工具。

5）使用套索工具在当前图片上拖拽鼠标，绘制一个任意的区域，如图 5-43 所示。

6）使用工具箱中的选择工具，把选取区域以外的部分全部删除，如图 5-44 所示。

图 5-43　选择图片的任意区域　　　　　　图 5-44　删除多余的区域

7）选择"修改"→"组合"命令（快捷键：〈Ctrl+G〉），将得到的图形区域组合起来，以避免和其他的图形裁切，如图 5-45 所示。

8）选择工具箱中的任意变形工具，按住〈Shift〉键拖拽某一顶点，把得到的图形适当缩小，以符合舞台尺寸，如图 5-46 所示。

9）选择"窗口"→"对齐"命令（快捷键：〈Ctrl+K〉），打开"对齐"面板。把缩小后的图形对齐到舞台的中心位置，如图 5-47 所示。

图 5-45　把得到的图形区域组合起来

图 5-46　使用任意变形工具缩小图形

图 5-47　把图形对齐到舞台的中心位置

10）选择"文件"→"导入"→"导入到舞台"命令（快捷键：〈Ctrl+R〉），把图片素材"树叶.jpg"导入到当前动画的舞台中，如图 5-48 所示。

11）选择"修改"→"分离"命令（快捷键：〈Ctrl+B〉），把导入到当前动画中的位图素材"树叶.jpg"转换到可编辑的网格状，如图 5-49 所示。

图 5-48　继续导入位图素材"树叶"到舞台

12）取消当前图片的选择状态，选择工具箱中的魔术棒工具。

13）在当前图片上的空白区域单击，选择并删除素材树叶的白色背景，如图 5-50 所示。

图 5-49　把位图转换为可编辑状态　　　　　图 5-50　选择并删除图片的白色背景

14）选择"修改"→"组合"命令（快捷键:〈Ctrl+G〉），把树叶组合起来，以避免和其他的图形裁切。

15）选择"窗口"→"变形"命令（快捷键:〈Ctrl+K〉），打开"变形"面板。把树叶缩小为原来的 20%，并单击"重制选区和变形"按钮，复制一个新的对象，如图 5-51所示。

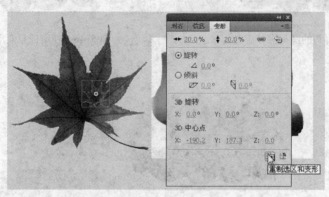

图 5-51　缩小并复制树叶素材

16）使用同样的方法，分别得到 20%、30%和 40%大小的树叶，并调整到舞台中合适的位置，如图 5-52 所示。

17）选择"文件"→"导入"→"导入到舞台"命令（快捷键:〈Ctrl+R〉），把图片素材"美女.ai"导入到当前动画的舞台中，如图 5-53 所示。

图 5-52　把得到的 3 片叶子调整到合适位置

图 5-53　在舞台中导入图片素材

18）导入进来的素材"美女.ai"默认是组合状态，用户可以在当前图形上双击，以进入到组合对象内部进行编辑。此时，所有对象都呈半透明状显示，如图 5-54 所示。

图 5-54　双击进入到组合对象内部进行编辑

19）这时的时间轴如图 5-55 所示，表示已进入到组合对象内部。

图 5-55　进入到组合对象内部时的时间轴状态

20）在组合对象内部对当前的图形进行位图填充，如图 5-56 所示。由于具体操作已在前面介绍，这里就不再赘述。

图 5-56　对图形进行位图填充

21）单击时间轴上的"场景 1"，返回到场景的编辑状态。

22）调整各个图形的位置，如图 5-57 所示。

图 5-57　回到场景的编辑状态，调整各个图形的位置

23）选择工具箱的文本工具，在位图中输入文字，并调整其位置，最终效果如图 5-58 所示。

图 5-58　最终完成效果

注意：Flash 的绘图工具不仅仅支持矢量绘图和编辑，同时也支持位图编辑，但在编辑位图之前一定要先分离位图。

5.4 编辑图形

在动画制作的过程中，设计者需要根据设计的动画流程，对相关的对象进行移动、旋转、变形等编辑操作，并根据生成动画的预览效果，对对象的属性进一步修改。所以，对对象的编辑操作是使用 Flash CC 制作动画的基本的和主体的工作。

5.4.1 任意变形工具

任意变形工具是 Flash CC 提供的一项基本的编辑功能，对象的变形不仅包括缩放、旋转、倾斜和翻转等基本的变形形式，还包括扭曲和封套等特殊的变形形式。

选择工具箱中的任意变形工具，在舞台中选择需要进行变形的图像，在工具箱的选项区内将出现如图 5-59 所示的附加功能。下面分别以简单的实例来介绍任意变形工具的使用。

图 5-59　任意变形工具的附加选项

1. 旋转与倾斜

旋转会使对象围绕其中心点进行旋转。一般中心点都在对象的物理中心，通过调整中心点的位置，可以得到不同的旋转效果。而倾斜的作用是使图形对象倾斜。下面通过一个简单的案例来说明，具体操作步骤如下。

1）选择舞台中的对象。

2）选择工具箱中的任意变形工具，在工具箱中单击附加选项中的"旋转与倾斜"按钮。

3）在舞台中的图形对象周围会出现一个可以调整的矩形框，该矩形框上一共有 8 个控制点，如图 5-60 所示。

4）将鼠标指针放置在矩形框边线中间 4 个控制点的任一点上，可以对对象进行倾斜操作，如图 5-61 所示。

图 5-60　使用旋转与倾斜工具选择舞台中的对象　　　　图 5-61　对图形对象进行倾斜操作

5）将鼠标指针放置在矩形框的 4 个顶点的任一点上，可以对对象进行旋转操作，在默认情况下，是围绕图形对象的物理中心点进行旋转的，如图 5-62 所示。

6）也可以通过鼠标拖拽，改变默认中心点的位置。对于以后的操作，图形对象将围绕调整后的中心点进行旋转，如图 5-63 所示。

图 5-62　对图形对象进行旋转操作

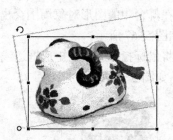
图 5-63　改变对象旋转的中心点

提示： 如果希望重置中心点，可以在调整后的中心点上双击。

2. 缩放

缩放是指通过调整图形对象的宽度和高度来调整对象的尺寸，这是在设计中使用非常频繁的操作。下面通过一个简单的案例来说明，具体操作步骤如下。

1）选择舞台中的对象。

2）选择工具箱中的任意变形工具，在工具箱中单击附加选项中的"缩放"按钮。

3）在舞台中的图形对象周围会出现一个可以调整的矩形框，该矩形框上一共有 8 个控制点，如图 5-64 所示。

4）将鼠标指针放置在矩形框边线中间的 4 个控制点的任一点上，可以单独改变图形对象的宽度和高度，如图 5-65 所示。

图 5-64　使用缩放工具选择舞台中的对象

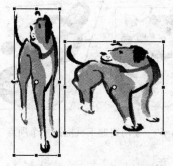
图 5-65　分别改变图形对象的宽度和高度

5）将鼠标指针放置在矩形框的 4 个顶点的任一点上，可以同时改变当前图形对象的宽度和高度，如图 5-66 所示。

提示： 如果希望等比例改变当前对象的尺寸，可以在缩放的过程中按住〈Shift〉键。

3. 扭曲

扭曲也称为对称调整，就是在对象的一个方向上进行调整时，反方向也会自动调整。下面通过一个简单的案例来说明，具体操作步骤如下。

图 5-66　同时改变当前图形对象的宽度和高度

1）选择舞台中的对象。

2）选择工具箱中的任意变形工具，在工具箱中单击附加选项中的"扭曲"按钮。

3）在舞台中的图形对象周围会出现一个可以调整的矩形框，该矩形框上一共有 8 个控制点，如图 5-67 所示。

4）将鼠标指针放置在矩形框边线中间的 4 个控制点的任一点上，可以单独改变 4 个边的位置，如图 5-68 所示。

图 5-67　使用扭曲工具选择舞台中的对象　　　　图 5-68　使用扭曲工具拖拽 4 个中间点

5）将鼠标指针放置在矩形框的 4 个顶点的任一点上，可以单独调整图形对象的一个角，如图 5-69 所示。

6）在拖拽 4 个顶点的过程中，按住〈Shift〉键可以锥化该对象，使该角和相邻角沿彼此的相反方向移动相同距离，如图 5-70 所示。

图 5-69　使用扭曲工具拖拽 4 个顶点　　　　图 5-70　在拖拽过程中按住〈Shift〉键锥化图形对象

4. 封套

封套功能有些类似于部分选取工具的功能，它允许使用切线调整曲线，从而调整对象的形状。下面通过一个简单的案例来说明，具体操作步骤如下。

1）选择舞台中的对象。

2）选择工具箱中的任意变形工具，在工具箱中单击附加选项中的"封套"按钮。

3）在舞台中的图形对象周围会出现一个可以调整的矩形框，该矩形框上一共有 8 个方形控制点，并且每个方形控制点两边都有两个圆形的调整点，如图 5-71 所示。

4）将鼠标指针放置在矩形框的 8 个方形控制点的任一点上，可以改变图形对象的形状，如图 5-72 所示。

5）将鼠标指针放置在矩形框的圆形点上，可以对每条边的边缘进行曲线编辑，如图 5-73 所示。

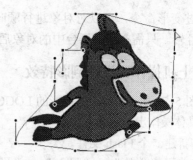

图 5-71　使用封套工具选择舞台中的对象　　　　图 5-72　对图形对象进行变形操作

图 5-73　对图形对象进行曲线编辑

　　提示：扭曲工具和封套工具不能修改元件、位图、视频对象、声音、渐变、对象组和文本。如果所选内容包含以上内容，则只能扭曲形状对象。另外，要修改文本，必须首先将文本分离。

5.4.2　变形命令

　　对图形对象进行形状的编辑，也可以使用 Flash CC 的变形命令完成。即 Flash 不仅提供了前面介绍的任意变形工具，还提供了一些更加方便快捷的变形命令。选择"修改"→"变形"命令，可以显示 Flash CC 中的所有变形命令，如图 5-74 所示。

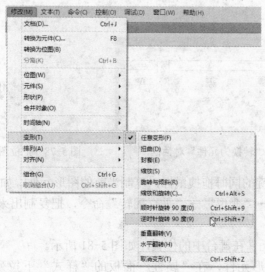

图 5-74　Flash CC 中的变形命令

通过变形命令，可以对对象进行顺时针或逆时针 90°的旋转。也可以对对象进行垂直或水平翻转。只需在选择舞台中的对象后，选择相应的命令即可实现变形效果。

5.4.3 上机操作：设计倒影特效

如图 5-75 所示为一个有倒影的 LOGO，从整体上看它给人一种立体的感觉，实现这种倒影特效的具体操作步骤如下。

1）新建一个 Flash 文件。

2）选择"文件"→"导入"→"导入到舞台" 命令（快捷键：〈Ctrl+R〉），把位图素材"Avivah.png"导入到当前动画的舞台中，如图 5-76 所示。

图 5-75　倒影效果　　　　　　　　图 5-76　在舞台中导入图片素材

3）选择"修改"→"转换为元件"命令（快捷键：〈F8〉），弹出"转换为元件"对话框，如图 5-77 所示。

4）选择"图形"元件类型，单击"确定"按钮，把导入到当前动画中的位图素材"Avivah.png"转换为图形元件，如图 5-78 所示。

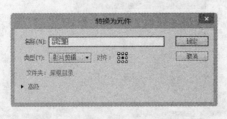

图 5-77　"转换为元件"对话框　　　　图 5-78　把位图素材转换为图形元件

5）在按住〈Alt〉键的同时拖拽鼠标，复制当前的图形元件，如图 5-79 所示。

6）选择"修改"→"变形"→"垂直翻转"命令，把复制出来的图形元件垂直翻转，如图 5-80 所示。

7）调整两个图形元件在舞台中的位置，如图 5-81 所示。

8）选择下方的图形元件，在"属性"面板的"样式"下拉列表中选择"Alpha"选项，如图 5-82 所示。

图 5-79 复制当前的图形元件

图 5-80 垂直翻转复制出来的图形元件

图 5-81 调整两个图形元件在舞台中的位置

图 5-82 选择 "Alpha" 选项

9）设置下方图形元件的透明度为 "30%"，完成最终效果，如图 5-75 所示。

5.4.4 组合与分散到图层

组合与分散操作常用于舞台中对象比较复杂的时候，下面分别介绍它们的使用。

1. 组合对象

组合对象的操作会涉及对象的组合与解组两部分，组合后的各个对象可以被一起移动、复制、缩放和旋转等，这样会减少编辑中不必要的麻烦。当需要对组合对象中的某个对象进行单独的编辑时，可以在解组后再进行编辑。组合不仅可以用在对象和对象之间，也可以用在组合和组合对象之间。组合的操作步骤如下。

1）选择舞台中需要组合的多个对象，如图 5-83 所示。

2）选择 "修改" → "组合" 命令（快捷键：〈Ctrl+G〉），将所选对象组合成一个整体，如图 5-84 所示。

图 5-83 同时选择舞台中的多个对象

图 5-84 组合后的对象

3）如果需要对舞台中已经组合的对象进行解组，可以选择"修改"→"取消组合"命令（快捷键：〈Ctrl+Shift+G〉）。

4）也可以在组合后的对象上双击，进入到组合对象的内部，单独编辑组合内的对象，如图 5-85 所示。

图 5-85　进入到组合对象内部单独编辑对象

5）在完成单独对象的编辑后，只需要单击时间轴左上角的"场景 1"按钮，从当前的"组合"编辑状态返回到场景编辑状态就可以了。

2．分散到图层

在 Flash 动画制作中，可以把不同的对象放置到不同的图层中，以便于制作动画时操作方便。为此，Flash CC 提供了非常方便的命令——分散到图层，帮助用户快速地把同一图层中的多个对象分别放置到不同的图层中。具体操作步骤如下。

1）在一个图层中选择多个对象，如图 5-86 所示。

2）选择"修改"→"时间轴"→"分散到图层"命令（快捷键：〈Ctrl+Shift+D〉），把舞台中的不同对象放置到不同的图层中，如图 5-87 所示。

图 5-86　选择同一个图层中的多个对象　　　　　　图 5-87　分散到图层

5.4.5 "对齐"面板

虽然 Flash 可以借助一些辅助工具，如标尺和网格等将舞台中的对象对齐，但是不够精确。可以通过使用"对齐"面板，实现对象的精确定位。

选择"窗口"→"对齐"命令（快捷键：〈Ctrl+K〉），打开 Flash CC 的"对齐"面板，如图 5-88 所示。在对齐面板中，包含"对齐""分布""匹配大小""间隔"和"相对于舞台"5 个选项组。下面通过一些具体操作来说明它们的功能。

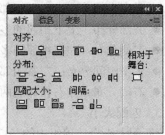

图 5-88 "对齐"面板

1．对齐

"对齐"选项组中的 6 个按钮，用来进行多个对象的左边、水平中间、右边、顶部、垂直中间和底部对齐操作。具体对齐效果如图 5-89 所示。

- 左对齐：以所有被选对象的最左侧为基准，向左对齐，如图 5-89b 所示。
- 水平中齐：以所有被选对象的中心进行垂直方向上的对齐，如图 5-89c 所示。
- 右对齐：以所有被选对象的最右侧为基准，向右对齐，如图 5-89d 所示。
- 上对齐：以所有被选对象的最上方为基准，向上对齐，如图 5-89e 所示。
- 垂直中齐：以所有被选对象的中心进行水平方向上的对齐，如图 5-89f 所示。
- 底对齐：以所有被选对象的最下方为基准，向下对齐，如图 5-89g 所示。

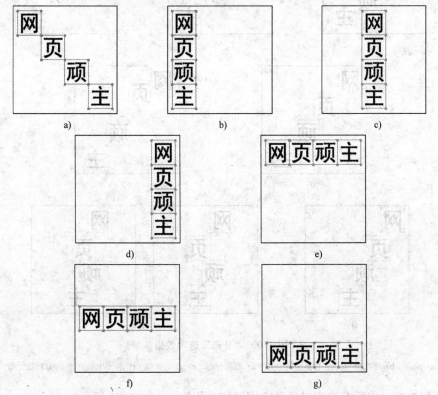

图 5-89 "对齐"选项效果

a) 原图　b) 左对齐　c) 水平中齐　d) 右对齐　e) 上对齐　f) 垂直中齐　g) 底对齐

2．分布

"分布"选项组中的 6 个按钮，用于使所选对象按照中心间距或边缘间距相等的方式进行分布，包括顶部分布、垂直中间分布、底部分布、左侧分布、水平中间分布和右侧分布。具体分布效果如图 8-90 所示。

- 顶部分布：上下相邻的多个对象的上边缘等间距，如图 5-90b 所示。
- 垂直中间分布：上下相邻的多个对象的垂直中心等间距，如图 5-90c 所示。
- 底部分布：上下相邻的多个对象的下边缘等间距，如图 5-90d 所示。
- 左侧分布：左右相邻的多个对象的左边缘等间距，如图 5-90e 所示。
- 水平中间分布：左右相邻的多个对象的中心等间距，如图 5-90f 所示。
- 右侧分布：左右相邻的两个对象的右边缘等间距，如图 5-90g 所示。

3．匹配大小

"匹配大小"选项组中的 3 个按钮，用于将形状和尺寸不同的对象统一，即可以在高度或宽度上分别统一尺寸，也可以同时统一宽度和高度。

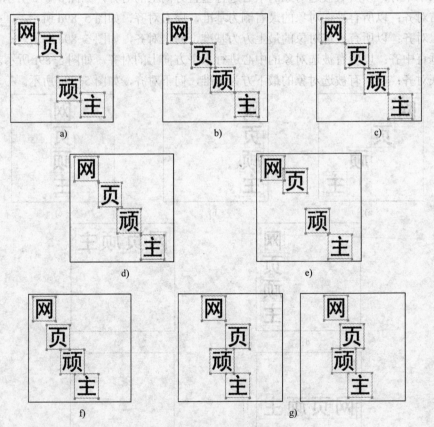

图 5-90 "分布"选项效果

a) 原图 b) 顶部分布 c) 垂直中间分布 d) 底部分布 e) 左侧分布 f) 水平中间分布 g) 右侧分布

- 匹配宽度：将所有选中对象的宽度调整为相等，如图 5-91 所示。
- 匹配高度：将所有选中对象的高度调整为相等，如图 5-92 所示。

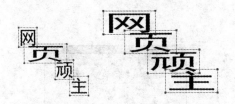

图 5-91 匹配宽度的前后对比   图 5-92 匹配高度的前后对比

- 匹配宽和高：将所有选中对象的宽度和高度同时调整为相等，如图 5-93 所示。

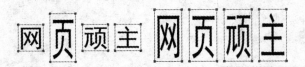

图 5-93 匹配宽和高的前后对比

4. 间隔

"间隔"选项组中有两个按钮，用于使对象之间的间距保持相等。

- 垂直平均间隔：使上下相邻的多个对象的间距相等，如图 5-94 所示。
- 水平平均间隔：使左右相邻的多个对象的间距相等，如图 5-95 所示。

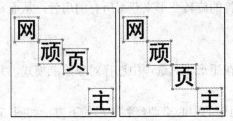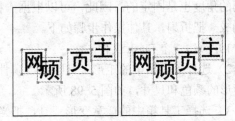

图 5-94 垂直平均间隔的前后对比   图 5-95 水平平均间隔的前后对比

5. 相对于舞台

相对于舞台是以整个舞台为参考对象来进行对齐的。

5.4.6 "变形"面板和"信息"面板

在前面的变形过程中，只能粗略地改变对象的形状，如果要精确控制对象的变形程度，可以使用"变形"面板和"信息"面板来完成。下面通过一个简单的操作来说明，操作步骤如下。

1）选择舞台中的对象。

2）选择"窗口"→"对齐"命令（快捷键：〈Ctrl+I〉），打开 Flash CC 的"信息"面板，如图 5-96 所示。在"信息"面板中可以以像素为单位改变当前对象的宽度和高度，也可以调整对象在舞台中的位置。在"信息"面板的下方还会出现当前选择对象的颜色信息。

3）选择"窗口"→"变形"命令（快捷键：〈Ctrl+T〉），打开 Flash CC 的"变形"面板，如图 5-97 所示。在"变形"面板中可以以百分比为单位改变当前对象的宽度和高度，也可以调整对象的旋转角度和倾斜程度。

图 5-96　Flash CC 的"信息"面板　　　　　图 5-97　Flash CC 的"变形"面板

4）单击"重制选区和变形"按钮，可以在变形对象的同时复制对象。

5.4.7　上机操作：设计折叠纸扇

折扇的结构很特别，它由多根扇骨和扇面构成，并且每一根扇骨的形状一致，两根扇骨之间的角度也是固定的。因此，可以根据一根扇骨的旋转变形来获得所有的扇骨，从而和扇面构成一把折扇。具体操作步骤如下。

1）新建一个 Flash 文件。

2）选择工具箱中的矩形工具绘制"扇骨"，在矩形工具选项中选择对象绘制模式，并调整矩形的颜色和尺寸，如图 5-98 所示。

3）选择工具箱中的任意变形工具，把当前矩形的中心点调整到矩形的下方，如图 5-99所示。

图 5-98　绘制"扇骨"　　　　　图 5-99　调整矩形中心点的位置

4）选择"窗口"→"变形"命令（快捷键：〈Ctrl+T〉），打开 Flash CC 的"变形"面板，如图 5-100 所示。

5）在"旋转"文本框中输入旋转角度为"15"，然后单击"重制选区和变形"按钮，一边旋转一边复制多个矩形，如图 5-101 所示。

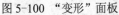

图 5-100 "变形"面板

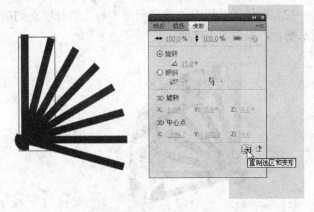

图 5-101 旋转并复制当前的矩形

6）单击时间轴中的"新建图层"按钮，创建一个新的图层"图层 2"，如图 5-102 所示。

7）选择工具箱中的线条工具，在扇骨的两边绘制两条直线（由于此时直线是绘制在"图层 2"中的，所以是独立的），如图 5-103 所示。

图 5-102 创建"图层 2"

图 5-103 在新的图层中绘制两条直线

8）使用选择工具，将两条直线拉成和扇面弧度一样的圆弧，如图 5-104 所示。

9）选择工具箱中的线条工具，把两条直线的两端连接起来，变成一个闭合的路径，同时使用油漆桶工具填充一种颜色，如图 5-105 所示。

图 5-104 对直线变形

图 5-105 填充颜色

10）在"颜色"面板中的"类型"下拉列表中选择"位图"选项，单击"导入"按钮，在弹出的"导入到库"对话框中找到扇面的图片素材。

11）所选图片将会填充到"扇面"中，效果如图 5-106 所示。

12）选择工具箱中的填充变形工具，调整填充到扇面中的图片素材，使图片和"扇面"更加吻合，如图 5-107 所示。

图 5-106 把图片填充到扇面中

图 5-107 调整填充到扇面中的图片素材

13）完成最终效果，如图 5-108 所示。

图 5-108 最终完成的折扇效果

5.5 修饰图形

路径和色块是 Flash CC 中经常使用的对象，主要用来实现各种动画效果。除了可以使用前面介绍过的工具进行调整以外，还可以使用 Flash CC 所提供的一些修饰命令来进行调整。

5.5.1 优化路径

优化路径的作用就是通过减少定义路径形状的路径点数量，来改变路径和填充的轮廓，以达到减小 Flash 文件大小的目的。优化路径的操作步骤如下。

1）选择舞台中需要优化的图形对象。

2）选择"修改"→"形状"→"优化"命令（快捷键：〈Ctrl+Alt+Shift+C〉），弹出 Flash CC 的"优化曲线"对话框，如图 5-109 所示。

3）拖拽"优化强度"滑块调整路径平滑的程度，也可以直接输入数字。

4）选择"显示总计消息"复选框，将显示提示框，提示完成平滑时优化的效果，如图 5-110 所示。

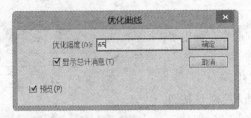

图 5-109 "优化曲线"对话框

图 5-110 显示总计消息的提示框

5）不同的优化对比效果如图 5-111 所示。

图 5-111 不同的优化对比效果

a) 原图 b) 优化后 c) 重复优化后

5.5.2 将线条转换为填充

将线条转换为填充的目的，是为了把路径的编辑状态转换为色块的编辑状态，从而填充渐变色，进行路径运算等。但是在 Flash CC 中，路径已经可以任意地改变粗细和填充渐变色，所以该命令的使用相对较少。将线条转换为填充的操作步骤如下。

1）使用基本绘图工具在舞台中绘制路径，如图 5-112 所示。

2）选择"修改"→"形状"→"将线条转换为填充"命令，将路径转换为色块，如图 5-113 所示。

图 5-112 在舞台中绘制路径

图 5-113 将路径转换为色块

3）转换后，对路径和色块进行变形的对比效果如图 5-114 所示。

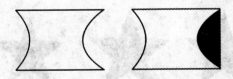

图 5-114 转换后变形的对比效果

5.5.3 扩展填充

使用扩展填充可以改变填充的大小范围，具体操作步骤如下。

1）选择舞台中的填充对象。

2）选择"修改"→"形状"→"扩展填充"命令，弹出"扩展填充"对话框，如图 5-115 所示。

3）在"距离"文本框中输入改变范围的尺寸。

4）在"方向"选项组中选择"扩展"或"插入"单选按钮，其中，"扩展"表示扩大一个填充；"插入"表示缩小一个填充。

5）设置完毕后，单击"确定"按钮。扩展填充的对比效果如图 5-116 所示。

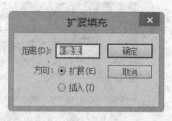

图 5-115 "扩展填充"对话框

图 5-116 扩展填充的对比效果

a) 原图　b) "距离"为 10，"方向"为"扩展"　c) "距离"为 10，"方向"为"插入"

5.5.4 柔化填充边缘

使用柔化填充边缘命令可以对对象的边缘进行模糊处理，如果图形边缘过于尖锐，可以使用该命令适当调整。具体操作步骤如下。

1）选择舞台中的填充对象。

2）选择"修改"→"形状"→"柔化填充边缘"命令，弹出"柔化填充边缘"对话框，如图 5-117 所示。

3）在"距离"文本框中输入柔化边缘的宽度。

4）在"步长数"文本框中输入用于控制柔化边缘效果的曲线数值。

5）在"方向"选项组中选择"扩展"或"插入"单选按钮，其中，"扩展"表示扩大一个填充；"插入"表示缩小一个填充。

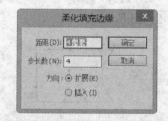

图 5-117 "柔化填充边缘"对话框

6）设置完毕后，单击"确定"按钮。转换前后的对比效果如图 5-118 所示。

图 5-118 柔化填充边缘前后的对比效果

a) 原图　b) "扩展"效果图　c) "插入"选项效果

5.6 辅助工具

辅助工具的作用可以帮助用户更好地进行图形绘制。

5.6.1 手形工具

手形工具应用在许多的图像处理软件中，用于在画面内容超出显示范围时调整视窗，以方便在工作区中操作。使用手形工具的操作步骤如下。

1）选择工具箱中的手形工具。

2）此时，鼠标指针会显示为手形。

3）在工作区的任意位置按住鼠标左键拖拽，可以改变工作区的显示范围，如图 5-119 所示。

图 5-119 使用手形工具

4）也可以直接按〈Space〉键，快速地选择手形工具。

说明：手形工具和选择工具的移动是有区别的，选择工具移动对象改变了对象的位置，而手形工具移动的仅仅是工作区的显示范围。

5.6.2 缩放工具

缩放工具的作用是在绘制较大或较小的舞台内容时，对舞台的显示比例进行放大或缩小操作，以便于编辑。使用缩放工具的操作步骤如下。

1）选择工具箱中的缩放工具。

2）在缩放工具的附加选项中选择"放大"或"缩小"，如图 5-120 所示。

3）也可以使用快捷键：〈Ctrl +〉·放大或〈Ctrl −〉缩小，如图 5-121 所示。

4）双击工具箱中的"放大镜"按钮，可以将舞台恢复至原来的尺寸。

说明：缩放工具并不能真正地放大或缩小对象，它更改的仅仅是工作区的显示比例。

图 5-120　缩放工具的附加选项　　　　图 5-121　使用缩放工具改变舞台的显示比例

5.7　习题

1．选择题

（1）如果一个对象是以 100%的大小显示在工作区中的，选择工具箱中的手形工具，在其上单击一下，则对象将以（　　）的比例显示在工作区中。

　　A．50%　　　　　　　B．100%　　　　　　　C．200%　　　　　　　D．400%

（2）关于位图图像的说法，错误的是（　　）。

　　A．位图图像是通过在网络中为不同位置的像素填充不同的颜色而产生的

　　B．创建图像的方式就像马赛克拼图一样

　　C．当用户编辑位图图像时，修改的是像素而不是直线和曲线

　　D．位图图例和分辨率无关

（3）关于矢量图形，下列说法正确的是（　　）。

　　A．矢量图形只使用直线来描述图像

　　B．矢量图形只使用曲线来描述图像

　　C．矢量图形可使用直线和曲线来描述图像

　　D．以上说法都错

（4）在 Flash 中修改形状时，下面关于"将线条转换为填充"的说法错误的是（　　）。

　　A．选定要转换的线条，不允许多选，只能单选

　　B．此功能对于创建某些特殊效果（例如填充具有过渡颜色的线条）非常有效

　　C．将线条转换为填充会使文件增大

　　D．有可能加快某些动画的绘制过程

（5）对于分离后的位图图像，下列说法错误的是（　　）。

　　A．图像可以使用 Flash 的绘图和填色工具进行修改

　　B．使用套索工具和魔术棒工具不可以选择被分离的图像区域

　　C．位图图像中的像素变成各个分散的区域

　　D．使用滴管工具单击分离的位图图像之后，用户可以使用颜料桶工具将图像填充
　　　　到其他形状中

2. 操作题

（1）使用 Flash CC 的导入命令，向当前的影片文件内导入不同的图片、声音和视频。

（2）在舞台中导入一张自己的照片，并且把照片转换为矢量图，效果如图 5-122 所示。

图 5-122　习题（2）效果图

（3）在舞台中输入自己的姓名，然后对文本的边缘进行柔化操作，效果如图 5-123 所示。

（4）在舞台中输入自己的姓名，然后使用工具箱中的任意变形工具对文本进行变形操作，得到鱼形文本效果，如图 5-124 所示。

我的名字　　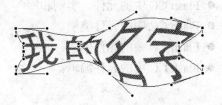

图 5-123　习题（3）效果图　　　　　　图 5-124　鱼形文本效果

第6章 Flash CC 元件、实例和库

元件是 Flash 中非常重要的概念，它使得 Flash 功能更加强大。在 Flash CC 中，如果一个对象被频繁地使用，就可以将它转换为元件，这样可以有效地减小动画文件的大小。当前动画中的所有元件都保存在元件库中，元件库可以理解为一个仓库，用于专门存放动画中的素材。把元件从"库"面板中拖拽到舞台上，即可创建当前元件的实例，就好像孙悟空的分身一样，可以拖拽很多实例到舞台上，重复地应用。

本章要点
- Flash CC 中的元件、实例和库
- Flash CC 中的元件类型
- Flash CC 中的元件创建
- Flash CC 中的元件编辑

6.1 元件

在日常生活中，通常所说的元件如电器元件等，有标准化、通用化的属性，可以在任何文章中进行引用，在 Flash 中的元件也有此特点。所谓元件就是在元件库中存放的各种图形、动画、按钮或者引入的声音和视频文件。在 Flash CC 中创建元件有很多好处，具体如下。

- 简化影片的编辑。在影片制作过程中，把多次重复使用的素材转换成元件，不仅可以反复调用，而且在修改元件时所有的实例都会随之更新，而不必逐一进行修改。
- 减小文件的体积，因为反复调用相同的元件不会增加文件量。比如在制作下雪效果时，只需要制作一次雪花就可以了。

6.1.1 元件的类型

在 Flash CC 中，一共有 3 种元件类型，分别是图形元件、按钮元件和影片剪辑元件。不同的元件类型适合不同的应用情况，在创建元件时首先要选择元件的类型。

1．图形元件

图形元件通常用于静态的图像或简单的动画，它可以是矢量图形、图像、动画或声音。图形元件的时间轴和影片场景的时间轴同步运行，交互函数和声音不会在图形元件的动画序列中起作用。

2．按钮元件

用户可以在影片中创建交互按钮，通过事件来激发它的动作。按钮元件有 4 种状态，即弹起、指针经过、按下和点击。每种状态都可以通过图形、元件及声音来定义。在创建按钮

元件时，按钮的编辑区域会提供这 4 种状态帧。当用户创建了按钮之后，就可以给按钮实例分配动作了。

3．影片剪辑元件

影片剪辑元件支持 ActionScript 和声音，具有交互性，是用途和功能最多的元件。影片剪辑元件本身就是一段小动画，可以包含交互控制、声音以及其他影片剪辑的实例，也可以将它放置在按钮元件的时间轴内来制作动画按钮，但是，影片剪辑元件的时间不随创建的时间轴同步运行。

6.1.2 创建图形元件

在动画设计的过程中，有两种方法可以创建元件，一种是创建一个空白元件，然后在元件的编辑窗口中编辑元件；另一种是将当前工作区中的对象选中，然后将其转换为元件。

1．新建图形元件

创建一个空白图形元件的操作步骤如下。

1）新建一个 Flash 文件。

2）选择"插入"→"新建元件"命令（快捷键：〈Ctrl+F8〉），弹出"创建新元件"对话框，如图 6-1 所示。

3）在"名称"文本框中输入新元件的名称，并且设

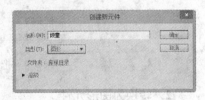

图 6-1 "创建新元件"对话框

置元件的"类型"为"图形"。

4）如果要把生成的元件保存到"库"面板的不同目录中，可以单击"库根目录"超链接，选择现有的目录或者创建一个新目录。

5）单击"确定"按钮，Flash CC 会自动进入到当前按钮元件的编辑状态，用户可以在其中绘制图形、输入文本或者导入图像等，如图 6-2 所示。

6）元件创建完毕后，单击舞台左上角的场景名称，即可返回到场景的编辑状态。

7）在返回到场景的编辑状态后，选择"窗口"→"库"命令（快捷键：〈Ctrl+L〉），可以在打开的"库"面板中找到刚刚创建的图形元件，如图 6-3 所示。

图 6-2 进入到元件的编辑状态

图 6-3 "库"面板中的图形元件

8）要将创建的元件应用到舞台中，只需从"库"面板中拖拽这个元件到舞台中即

可，如图 6-4 所示。

图 6-4　把"库"面板中的图形元件拖拽到舞台中

2．转换为图形元件

将舞台中已经存在的对象转换为图形元件的操作步骤如下。

1）打开一个 Flash 文件。

2）在舞台中选择需要转换为元件的对象，如图 6-5 所示。

3）选择"修改"→"转换为元件"命令（快捷键：〈F8〉），弹出"转换为元件"对话框，如图 6-6 所示。

图 6-5　选择舞台中的对象

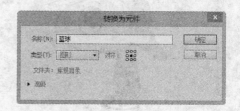

图 6-6　"转换为元件"对话框

4）在"名称"文本框中输入新元件的名称，并且设置元件的"类型"为"图形"。

5）在"对齐"选项中调整元件的注册中心点位置。

6）如果要把生成的元件保存到"库"面板的不同目录中，可以单击"库根目录"超链接，选择现有的目录或者创建一个新的目录。

7）单击"确定"按钮，即可完成元件的转换操作。

8）选择"窗口"→"库"命令（快捷键:〈Ctrl+L〉），打开"库"面板，可以从中找到刚刚转换的元件，如图 6-7 所示。

和新建的图形元件不同的是，转换后的元件实例已经在舞台中存在了，如果需要继续在舞台中添加元件的实例，可以从"库"面板中拖拽这个元件到舞台，如图 6-8 所示。

图 6-7 "库"面板中的图形元件

图 6-8 把"库"面板中的图形元件拖拽到舞台中

6.1.3 创建按钮元件

按钮元件是 Flash CC 中的一种特殊元件，按钮元件不同于图形元件，因为按钮元件在影片的播放过程中，是默认静止播放的，并且按钮元件可以响应鼠标的移动或单击操作激发相应的动作。

1. 新建按钮元件

创建一个空白按钮元件的操作步骤如下。

1）新建一个 Flash 文件。

2）选择"插入"→"新建元件"命令（快捷键:〈Ctrl+F8〉），弹出"创建新元件"对话框，如图 6-9 所示。

3）在"名称"文本框中输入新元件的名称，并且设置元件的"类型"为"按钮"。

4）单击"确定"按钮，Flash CC 会自动进入到当前按钮元件的编辑状态，用户可以在其中绘制图形、输入文本或者导入图像等，如图 6-10 所示。

5）元件创建完毕后，单击舞台左上角的场景名称，即可返回到场景的编辑状态。

6）在返回到场景的编辑状态后，选择"窗口"→"库"命令（快捷键:〈Ctrl+L〉），可以在打开的"库"面板中找到刚刚创建的按钮元件，如图 6-11 所示。

7）要将创建的元件应用到舞台中，只需从"库"面板中拖拽这个元件到舞台中即可，如图 6-12 所示。

图 6-9 "创建新元件"对话框

图 6-10 进入到按钮元件的编辑状态

图 6-11 "库"面板中的按钮元件

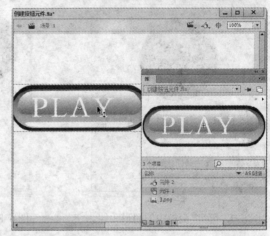

图 6-12 把"库"面板中的按钮元件拖拽到舞台中

2. 转换为按钮元件

将舞台中已经存在的对象转换为按钮元件的操作步骤如下。

1）打开一个 Flash 文件。

2）在舞台中选择需要转换为按钮元件的对象，如图 6-13 所示。

3）选择"修改"→"转换为元件"命令（快捷键：〈F8〉），弹出"转换为元件"对话框，如图 6-14 所示。

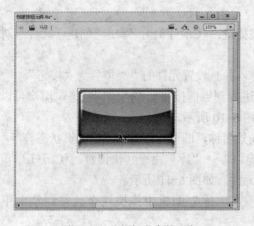

图 6-13 选择舞台中的对象

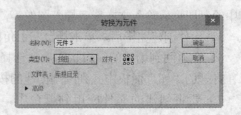

图 6-14 "转换为元件"对话框

4）在"名称"文本框中输入新元件的名称，并且设置"元件"的类型为"按钮"。

5）在"注册"选项中调整元件的注册中心点位置。

6）单击"确定"按钮，即可完成元件的转换操作。

7）选择"窗口"→"库"命令（快捷键:〈Ctrl+L〉），可以打开"库"面板，找到刚刚转换的元件，如图 6-15 所示。

8）要将创建的元件应用到舞台中，只需从"库"面板中拖拽这个元件到舞台中即可，如图 6-16 所示。

图 6-15　"库"面板中的按钮元件

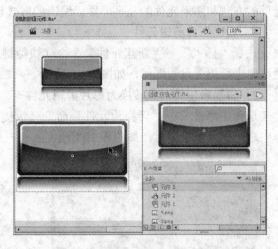

图 6-16　把"库"面板中的按钮元件拖拽到舞台中

3．按钮元件的 4 种状态

在 Flash CC 中，按钮元件的时间轴和其他元件的不一样。它共有 4 种状态，并且每种状态都有特定的名称与之对应，可以在时间轴中进行定义，如图 6-17 所示。

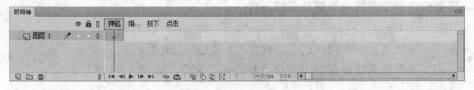

图 6-17　按钮元件的时间轴

按钮元件的时间轴并不会随着时间播放，而是根据鼠标事件选择播放某一帧。按钮元件的 4 个帧分别响应 4 种不同的按钮事件，分别为：弹起、指针经过、按下和点击。它们的意义如下。

● 弹起：当鼠标指针不接触按钮时，该按钮处于弹起状态。该状态为按钮的初始状态，其中包括一个默认的关键帧，用户可以在该帧中绘制各种图形或者插入影片剪辑元件。

● 指针经过：此状态是指鼠标移动到该按钮的上面，但没有按下鼠标时的状态。如果希望在鼠标移动到该按钮上时能够出现一些内容，则可以在此状态中添加内容。在指针经过帧中也可以绘制图形，或放置影片剪辑元件。

● 按下：当鼠标移动到按钮上面并且按下了鼠标左键时的状态。如果希望在按钮按下时同样发生变化，也可以绘制图形或是放置影片剪辑元件。

● 点击：点击帧定义了鼠标单击的有效区域。在 Flash CC 的按钮元件中，这一帧尤为重要，例如在制作隐藏按钮的时候，就需要专门使用按钮元件的点击帧来制作。

6.1.4 创建影片剪辑元件

影片剪辑元件是一个极为重要的元件类型，在动画制作的过程中，如果要重复使用一个已经创建的动画片断，最好的办法就是将该动画转换为影片剪辑元件。转换和新建影片剪辑元件的方法和图形元件的几乎一样，编辑的方式也很类似。

1．新建影片剪辑元件

选择"插入"→"新建元件"命令（快捷键：〈Ctrl+F8〉），在弹出的"创建新元件"对话框中进行相关设置即可，如图 6-18 所示。

2．将舞台中的对象转换为影片剪辑元件

选择"修改"→"转换为元件"命令（快捷键：〈F8〉），在弹出的"转换为元件"对话框中进行相关设置即可，如图 6-19 所示。

图 6-18 "创建新元件"对话框

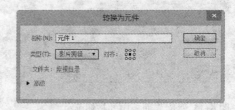

图 6-19 "转换为元件"对话框

提示：其他操作和图形元件的一样，这里就不再赘述。

3．将舞台中的动画转换为影片剪辑元件

1）打开一个 Flash 文件。

2）在时间轴中选择一个动画的多个帧序列，如图 6-20 所示。

3）右击，在弹出的快捷菜单中选择"复制帧"命令，如图 6-21 所示。

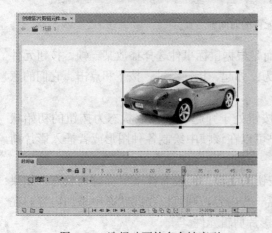

图 6-20 选择动画的多个帧序列

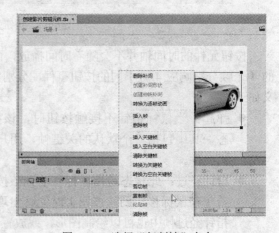

图 6-21 选择"复制帧"命令

4）选择"插入"→"新建元件"命令（快捷键：〈Ctrl+F8〉），弹出"创建新元件"对话框，如图 6-22 所示。

5）在"名称"文本框中输入"元件 2"，并且设置元件的"类型"为"影片剪辑"。

6）单击"确定"按钮，进入影片剪辑元件的编辑状态，如图 6-23 所示。

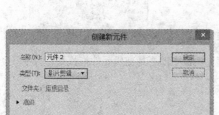

图 6-22 "创建新元件"对话框

图 6-23 进入到影片剪辑元件的编辑状态

7）右击时间轴的第一帧，在弹出的快捷菜单中选择"粘贴帧"命令，如图 6-24 所示。

8）把舞台中的动画粘贴到影片剪辑元件内，如图 6-25 所示。

图 6-24 选择"粘贴帧"命令

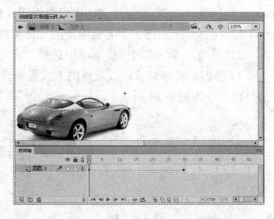

图 6-25 把舞台中的动画粘贴到影片剪辑元件中

9）在影片剪辑元件创建完毕后，单击舞台左上角的场景名称，即可返回到场景的编辑状态。

10）返回到场景的编辑状态后，选择"窗口"→"库"命令（快捷键：〈Ctrl+L〉），在打开的"库"面板中即可找到所制作的影片剪辑元件，如图 6-26 所示。

11）新建图层，将创建好的元件应用到舞台中，直接从"库"面板中拖拽该元件到舞台中即可，如图 6-27 所示。

提示：把舞台中的动画转换为影片剪辑元件，实际上就是把舞台中的动画复制到影片剪辑元件中，在复制动画时复制的是整个动画的帧序列，而不是单个帧中的对象。

图 6-26　"库"面板中的影片剪辑元件

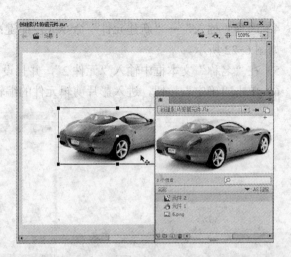

图 6-27　把"库"面板中的影片剪辑元件拖拽到舞台中

6.1.5　编辑元件

当元件创建完成后，如果对效果不满意，可以对元件进行修改编辑。在编辑元件后，Flash CC 会自动更新当前影片中应用了该元件的所有实例。Flash CC 提供了 3 种方式来编辑所创建的元件，下面分别进行介绍。

1．在当前位置编辑元件

用户可以在当前的影片文档中直接编辑元件，具体操作步骤如下。

1）在舞台中选择一个需要编辑的元件实例。

2）右击，在弹出的快捷菜单中选择"在当前位置编辑"命令，如图 6-28 所示。

3）这时，其他对象将以灰色的方式显示，正在编辑的元件名称会显示在时间轴左上角的信息栏中，如图 6-29 所示。

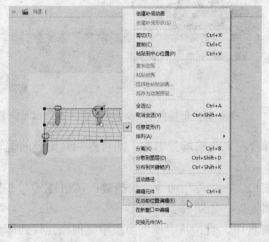

图 6-28　选择"在当前位置编辑"命令

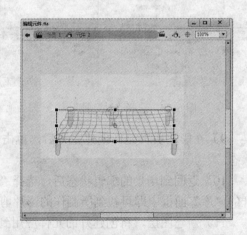

图 6-29　在当前位置编辑元件

4）也可以直接双击元件的实例，执行"在当前位置编辑"命令。

5）在元件编辑完毕后，单击舞台左上角的场景名称，即可返回到场景的编辑状态。

2．在新窗口中编辑元件

用户也可以在新的窗口对元件进行编辑，具体操作步骤如下。

1）在舞台中选择一个需要编辑的元件实例。

2）右击，在弹出的快捷菜单中选择"在新窗口中编辑"命令，如图6-30所示。

3）进入到单独元件的编辑窗口，显示其对应的时间轴，此时，正在编辑的元件名称会显示在窗口上方的选项卡中，如图6-31所示。

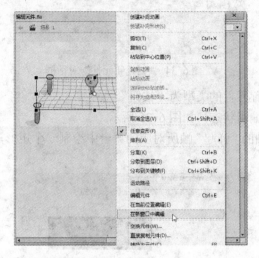

图6-30 选择"在新窗口中编辑"命令

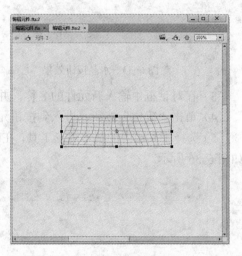

图6-31 在新窗口中编辑元件

4）也可以直接在"库"面板中的元件上双击，执行"在新窗口中编辑"命令。

5）在元件编辑完毕后，单击舞台左上角的场景名称，即可返回到场景的编辑状态。

3．使用编辑模式编辑元件

使用编辑模式编辑元件的方法如下。

1）在舞台中选择一个需要编辑的元件实例。

2）右击，在弹出的快捷菜单中选择"编辑"命令，如图6-32所示。

提示：其余的操作步骤和"在新窗口中编辑"命令的相同，这里就不再赘述。

3）在元件编辑完毕后，单击舞台左上角的场景名称，即可返回到场景的编辑状态。

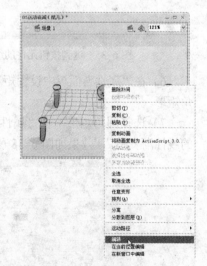

图6-32 选择"编辑"命令

6.2 案例实战：设计水晶按钮

Apple 按钮的水晶效果在 Mac 系统里比较常见，在设计作品中，水晶效果能够给人一种非常时尚的感觉。水晶按钮之所以会有立体感，主要是因为使用了渐变色的缘故，如图 6-33 所示为几款水晶按钮效果。同样，按钮效果在 Flash CC 中只需要制作成元件，即可反复地调用。

具体操作步骤如下。

1）新建一个 Flash 文件（ActionScript 3.0）。

2）选择"插入"→"新建元件"命令（快捷键:〈Ctrl+F8〉），弹出"创建新元件"对话框，如图 6-34 所示。

图 6-33　水晶按钮效果　　　　　　　　　　　图 6-34　"创建新元件"对话框

3）在对话框中输入新元件的名称，并且设置元件的类型为"按钮"。

4）单击"确定"按钮，进入到按钮元件的编辑状态，如图 6-35 所示。

5）选择工具箱中的基本矩形工具，在时间轴的"弹起"帧所对应的舞台中绘制一个矩形，如图 6-36 所示。

图 6-35　进到按钮元件的编辑状态　　　　　　图 6-36　在舞台中绘制一个矩形

6）在"属性"面板中设置矩形的边角半径为"10"，如图 6-37 所示，即可得到一个圆角矩形。

7）选择圆角矩形，在"属性"面板中设置笔触颜色为"无"，填充颜色为"白色到黑色的线性渐变色"，效果如图 6-38 所示。

图 6-37　设置矩形的边角半经　　　　　　　　图 6-38　设置圆角矩形的属性

8）打开"颜色"面板，把线性渐变色由白到黑调整为白到浅灰，如图 6-39 所示。

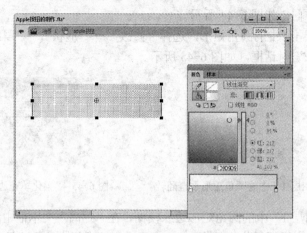

图 6-39　使用"颜色"面板调整渐变色

9）选择工具箱中的渐变变形工具，把线性渐变的方向由从左到右调整为从上到下，如图 6-40 所示。

10）单击时间轴中的"新建图层"按钮，创建一个新的图层"图层 2"，如图 6-41 所示。

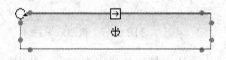

图 6-40　使用渐变变形工具调整渐变色方向　　　　　图 6-41　创建"图层 2"

11）把绘制的圆角矩形复制到"图层 2"中，并且调整到相同的位置，如图 6-42 所示。

12）单击"图层 2"中的"显示/隐藏所有图层"按钮，隐藏"图层 2"，以便于编辑"图层 1"中的圆角矩形，如图 6-43 所示。

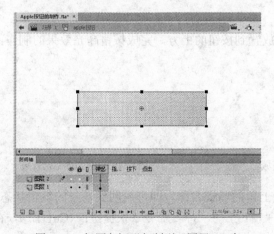

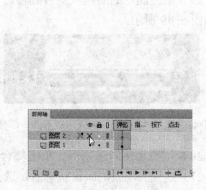

图 6-42　把圆角矩形复制到"图层 2"中　　　　　图 6-43　隐藏"图层 2"

13）选中"图层 1"中的圆角矩形，选择"修改"→"变形"→"垂直翻转"命令，改变圆角矩形的渐变方向，如图 6-44 所示。

14）选中"图层 1"中的圆角矩形，选择"修改"→"形状"→"柔化填充边缘"命令，弹出"柔化填充边缘"对话框，如图 6-45 所示。

图 6-44　把"图层 1"中的圆角矩形垂直翻转　　　　图 6-45　"柔化填充边缘"对话框

15）为了使"图层 1"中的圆角矩形边缘模糊，在"距离"文本框中设置柔化范围为 10；在"步长数"文本框中设置柔化步骤为 5；在"方向"选项组中选中"扩展"单选按钮，得到如图 6-46 所示的效果。

16）单击"图层 2"中的"显示/隐藏所有图层"按钮，把隐藏的"图层 2"显示出来，按钮效果如图 6-47 所示。

图 6-46　柔化填充边缘后的效果　　　　　　　　　图 6-47　按钮效果

17）下面制作按钮的高光效果，目的是为了让立体水晶的效果更加明显。使用同样的操作，把"图层 1"隐藏起来。

18）使用工具箱中的选择工具，在舞台中拖拽选择"图层 2"圆角矩形的下半部分，并且复制，如图 6-48 所示。

提示：如果使用了"对象绘制"模式，在选取前一定要进行"分离"操作，否则将无法选取。

19）把复制得到的区域垂直翻转，并放置到按钮的上方，完成按钮高光效果的制作，效果如图 6-49 所示。

图 6-48　选择"图层 2"中圆角矩形的一部分区域　　　图 6-49　按钮的高光效果

20）按钮元件创建完毕。单击舞台左上角的场景名称，即可返回到场景的编辑状态。

21）返回到场景的编辑状态后，选择"窗口"→"库"命令（快捷键：〈Ctrl+L〉），在打开的"库"面板中即可找到所制作的元件，如图 6-50 所示。

22）从"库"面板中拖拽元件到舞台中，即可创建按钮的实例，并且可以拖拽多个，如图 6-51 所示。

图 6-50 "库"面板中的按钮元件

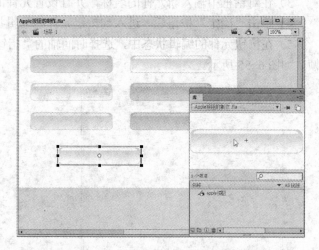

图 6-51 从"库"面板中拖拽按钮元件到舞台中

23）选择舞台中的按钮元件实例，在"属性"面板的"样式"下拉列表中选择"高级"选项。

24）在相应的"高级效果"设置区中分别设置每个按钮的红、绿、蓝颜色值，从而制作出五颜六色的水晶按钮效果。

25）至此完成整个水晶按钮的制作过程。选择"文件"→"保存"命令（快捷键：〈Ctrl+S〉），把所制作的按钮效果保存。

26）选择"控制"→"测试影片"命令（快捷键：〈Ctrl+Enter〉），在 Flash 播放器中预览按钮效果。

6.3 案例实战：设计动态交互式按钮

在 Flash 中可以结合函数制作交互动画，但是很多时候，不需要函数同样可以实现交互效果。下面是在 Flash 中制作的跟随鼠标的边框按钮，当把鼠标指针移动到图形的不同区域时，按钮的边框会随之发生改变，如图 6-52 所示。

要实现按钮边框随鼠标移动的效果，可以在舞台中放置多个按钮，这些按钮的效果都是相同的，只是尺寸不一样。用户可以把按钮制作在元件内，从而快速地生成动画。具体操作步骤如下。

1）新建一个 Flash 文件。

2）选择"插入"→"新建元件"命令（快捷键：〈Ctrl+F8〉），弹出"创建新元件"对话框，如图 6-53 所示。

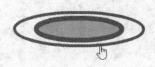

图 6-52 交互按钮效果

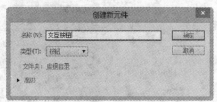

图 6-53 "创建新元件"对话框

3）在对话框中输入新元件的名称，并且设置元件的类型为"按钮"。

4）单击"确定"按钮后，进入到按钮元件的编辑状态，如图 6-54 所示。

5）在按钮元件的编辑状态中，选择时间轴的"指针经过"状态，按〈F6〉键，插入关键帧，如图 6-55 所示。

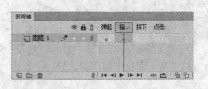

图 6-54　进入到按钮元件的编辑状态　　　图 6-55　在按钮元件的"指针经过"状态插入关键帧

6）选择工具箱中的椭圆工具，在"属性"面板中设置笔触颜色为"绿色"，笔触高度为 8，填充颜色为"无"，如图 6-56 所示。

7）在按钮元件的"指针经过"帧中绘制一个椭圆，如图 6-57 所示。

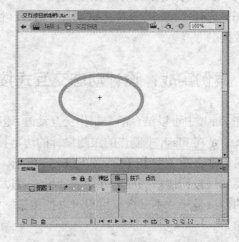

图 6-56　椭圆工具的属性设置　　　　　　图 6-57　在舞台中绘制一个椭圆

8）选择时间轴的"点击"状态，按〈F6〉键，插入关键帧，如图 6-58 所示。

图 6-58　在"点击"状态插入关键帧

9）单击舞台左上角的场景名称，返回到场景的编辑状态。

10）返回到场景的编辑状态后，选择"窗口"→"库"命令（快捷键：〈Ctrl+L〉），在打开的"库"面板中即可找到所制作的按钮元件，如图6-59所示。

11）把"库"面板中的按钮元件拖拽到舞台的中心，如图6-60所示。

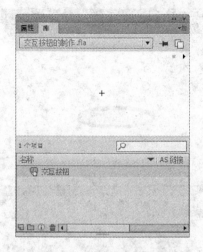 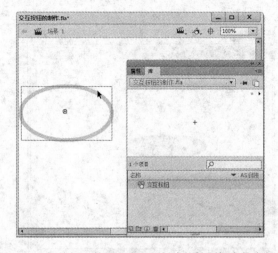

图6-59 "库"面板中的按钮元件　　　　图6-60 把按钮元件从"库"面板中拖拽到舞台的中心

说明：因为在按钮元件的"弹起"状态并没有制作任何的内容，所以在舞台中的按钮元件一开始是不可见的。

12）选择"窗口"→"变形"命令（快捷键：〈Ctrl+T〉），打开"变形"面板。

13）单击"重制选区和变形"按钮，把按钮以50%的比例缩小并复制，得到的效果如图6-61所示。

14）选择工具箱中的椭圆工具，根据缩小后最小椭圆的尺寸，绘制一个椭圆，并放置到按钮元件的正中心，如图6-62所示。

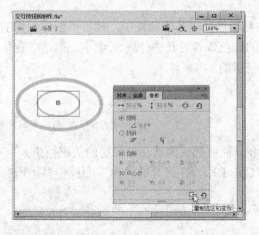 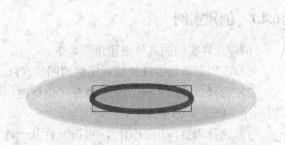

图6-61 使用对齐面板复制并缩小椭圆按钮　　　图6-62 在按钮的中心绘制一个新的椭圆

15）选择"修改"→"转换为元件"命令（快捷键：〈F8〉），把新椭圆转换为按钮元件。

16）在该按钮元件上双击，进入到按钮元件的编辑状态，如图6-63所示。

17）在按钮元件的"指针经过"状态按〈F6〉键，插入关键帧。

18）把"指针经过"状态中椭圆的颜色适当更改，如图6-64所示。

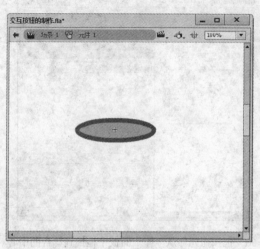

图6-63　进入到按钮元件的编辑状态

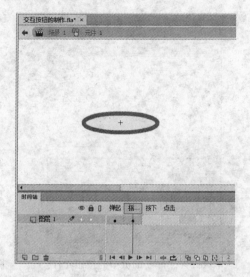

图6-64　更改"指针经过"状态中椭圆的颜色

19）单击舞台左上角的场景名称，返回到场景的编辑状态。

20）至此完成整个动画的制作过程。选择"文件"→"保存"命令（快捷键：〈Ctrl+S〉），把所制作的按钮效果保存。

21）选择"控制"→"测试影片"命令（快捷键：〈Ctrl+Enter〉），在Flash播放器中预览按钮效果。

6.4　编辑实例

元件一旦创建完成，在影片中的任何位置，甚至包括在其他元件中，都可以创建元件的实例。用户可以对这些实例进行编辑，改变它们的颜色或者对其进行放大/缩小。但这些变化只能存在于实例上，而不会对原始的元件产生任何影响。

6.4.1　创建实例

创建元件实例的具体操作步骤如下。

1）在当前场景中选择放置实例的图层（Flash只能够把实例放在当前层的关键帧中）。

2）选择"窗口"→"库"命令（快捷键：〈Ctrl+L〉），在打开的"库"面板中显示所有的元件，如图6-65所示。

3）选择需要应用的元件，将该元件从"库"面板中拖拽到舞台上，创建元件的实例，如图6-66所示。

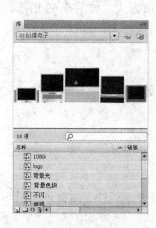

图 6-65 打开当前影片的库

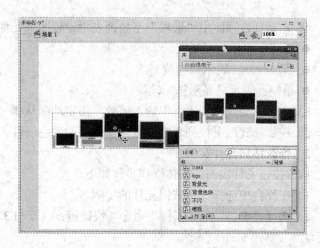

图 6-66 把"库"面板中的元件拖拽到舞台上

说明：实例创建完成后，就可以对实例进行修改了。Flash CC 只将修改的步骤和参数等数据记录到动画文件中，而不会像存储元件一样将每个实例都存储下来。因此 Flash 动画的体积都很小，非常适合于在网上传输和播放。

6.4.2 修改实例

实例创建完成后，可以随时修改元件实例的属性，这些修改设置都可以在"属性"面板中完成。并且不同类型的元件属性设置会有所不同。要对实例的属性进行设置，首先要选择舞台中的一个实例。

1. 修改图形元件实例

修改图形元件实例的具体操作步骤如下。

1）在舞台中选择一个图形元件的实例。

2）选择"窗口"→"属性"命令（快捷键：〈Ctrl+F3〉），打开"属性"面板，如图 6-67 所示。

3）单击"交换"按钮，弹出"交换元件"对话框，可以把当前的实例更改为其他元件的实例，如图 6-68 所示。

图 6-67 图形元件实例的"属性"面板

图 6-68 "交换元件"对话框

4）在循环选项区中"选项"下拉列表中设置图形元件的播放方式，如图6-69所示。

● 循环：表示重复播放。

● 播放一次：表示只播放一次。

● 单帧：表示只显示第一帧。

5）在"第一帧"文本框中输入帧数，指定动画从哪一帧开始播放。

6）在"样式"下拉列表中设置图形元件的颜色属性。

2．修改按钮元件实例

修改按钮元件实例的具体操作步骤如下。

1）在舞台中选择一个按钮元件的实例。

2）选择"窗口"→"属性"命令（快捷键：〈Ctrl+F3〉），打开"属性"面板，如图6-70所示。

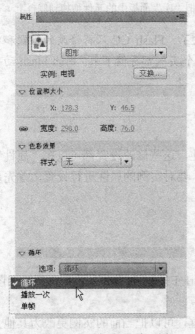
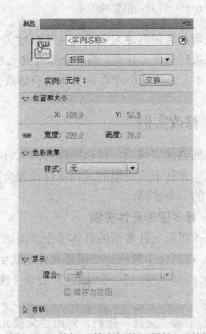

图6-69 "选项"下拉列表　　　　图6-70 按钮元件实例的"属性"面板

3）在"实例名称"文本框中对按钮元件的实例进行变量的命名操作。

4）单击"交换"按钮，弹出"交换元件"对话框，可以把当前的实例更改为其他元件的实例。

5）在"样式"下拉列表中设置按钮元件的颜色属性，如图6-71所示。

6）在"混合"下拉列表中设置按钮元件的混合模式。

3．修改影片剪辑元件实例

修改影片剪辑元件实例的具体操作步骤如下。

1）在舞台中选择一个影片剪辑元件的实例。

2）选择"窗口"→"属性"命令（快捷键：〈Ctrl+F3〉），打开"属性"面板，如图6-72所示。

图 6-71　设置颜色属性　　　　　　图 6-72　影片剪辑元件实例的"属性"面板

3）在"实例名称"文本框中对影片剪辑元件的实例进行变量的命名操作。

4）单击"交换"按钮，弹出"交换元件"对话框，可以把当前的实例更改为其他元件的实例。

5）在"样式"下拉列表中设置影片剪辑元件的颜色属性。

6）在"混合"下拉列表中设置影片剪辑元件的混合模式。

7）在"滤镜"选项区中添加滤镜。

6.4.3　设置实例显示属性

通过在"属性"面板的"样式"下拉列表中进行设置，可以改变元件实例的颜色效果，从而快速创建丰富多彩的动画效果。"样式"下拉列表中的各个选项含义如下。

● 亮度：更改实例的明暗程度。在"亮度"文本框中可以输入不同程度的亮度值，如图 6-73 所示。

● 色调：更改实例的颜色，如图 6-74 所示。

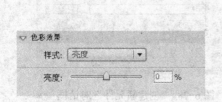

图 6-73　亮度设置

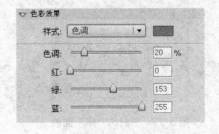

图 6-74　色调设置

- Alpha（透明度）：更改实例的透明程度。在"Alpha"文本框中可以输入不同程度的透明度值，如图 6-75 所示。
- 高级：更改实例的整体色调。可以通过调整红、绿、蓝的颜色值调整实例的整体色调，也可以通过设置透明度效果进行调整，如图 6-76 所示。

图 6-75 透明度设置   图 6-76 高级设置

提示：样式设置只对元件的实例有效，而普通的图形是不能够设置样式的。

6.5 元件库

Flash CC 的元件都存储在"库"面板中，用户可以在"库"面板中对元件进行编辑和管理，也可以直接从"库"面板中拖拽元件到场景中，制作动画。

6.5.1 元件库的基本操作

下面通过一个简单的案例来说明"库"面板的操作，具体操作步骤如下。

1）新建一个 Flash 文件。

2）选择"窗口"→"库"命令（快捷键：〈Ctrl+L〉），打开"库"面板，其中是没有任何元件的，如图 6-77 所示。

3）单击"新建元件"按钮，弹出"创建新元件"对话框，如图 6-78 所示。

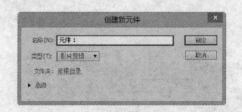

图 6-77 空白的"库"面板   图 6-78 "创建新元件"对话框

4）在对话框中输入元件的名称并且选择元件的类型，创建新元件。在这里创建了图形元件、按钮元件和影片剪辑元件，如图 6-79 所示。

5）单击"库"面板中的"新建文件夹"按钮 ，可以在"库"面板中创建不同的文件夹，以便于元件的分类管理，这里创建了"素材"文件夹，如图 6-80 所示。

图 6-79 "库"面板中不同类型的元件

图 6-80 新建库文件夹

6）选择"库"面板中的 3 个元件，将它们拖拽到库文件夹中，如图 6-81 所示。

7）选择库中的一个元件，单击"属性"按钮 ，弹出"元件属性"对话框，在其中可以更改元件的名称和类型，如图 6-82 所示。

8）单击"删除"按钮 ，可以直接删除库中的元件。

说明：要对"库"面板中的元件重新命名，可以在"库"面板中的元件名称上双击，然后进行更改。

图 6-81 将元件拖拽到库文件夹中

图 6-82 "元件属性"对话框

9）在"库"面板中可以详细显示各个元件实例的属性，如图 6-83 所示。

10）单击"库"面板右上角的小三角按钮，会打开如图 6-84 所示的选项菜单，在其中可以对"库"面板中的元件进行更加详细的管理。

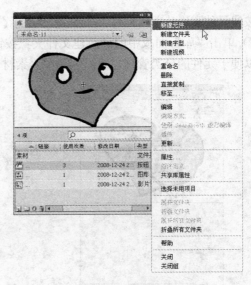

图 6-83　元件实例的属性　　　　　　　　图 6-84　"库"面板的选项菜单

6.5.2　调用其他动画的库

在 Flash CC 的动画制作中，可以调用其他影片文件中的元件，这样，同样的素材就不需要制作多次了，从而提高动画的制作效率。下面通过一个简单的案例来说明，具体操作步骤如下。

1）新建一个 Flash 文件。

2）选择"窗口"→"库"命令（快捷键：〈Ctrl+L〉），打开"库"面板，其中是没有任何元件的，如图 6-85 所示。

3）选择"文件"→"导入"→"打开外部库"命令（快捷键：〈Ctrl+Shift+O〉），打开另外一个影片的"库"面板，如图 6-86 所示。

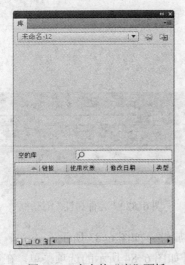

图 6-85　空白的"库"面板　　　　　　　图 6-86　其他影片的"库"面板

4）对于不是当前影片的"库"面板，将呈现为灰色。

5）直接把其他影片"库"面板中的元件拖拽到当前影片中即可，如图 6-87 所示。

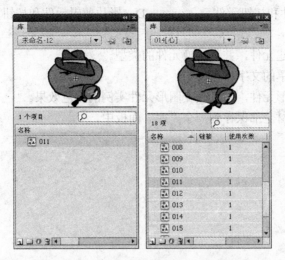

图 6-87　把其他影片中的元件拖拽到当前影片中

6）所拖拽的元件会自动添加到当前的元件库中。

6.6　习题

1．选择题

（1）（　　）不能用来区别舞台上的实例。

    A．元件实例"属性"面板　　　　　　B．"对齐"面板

    C．"信息"面板　　　　　　　　　　　D．电影资源管理器

（2）关于按钮元件"点击"状态的叙述，下列说法错误的是（　　）。

    A．"点击"状态定义了按钮响应鼠标单击的区域

    B．"点击"状态位于按钮元件的第 4 帧

    C．"点击"状态的内容在舞台上是不可见的

    D．如果不指定"点击"状态，按下状态中的对象将被作为"点击"状态

（3）关于元件实例的叙述，下列说法错误的是（　　）。

    A．电影中的所有地方都可以使用由元件派生的实例，包括该元件本身

    B．修改众多元件实例中的一个，将不会对其他的实例产生影响

    C．如果用户修改元件，则所有该元件的实例都将立即更新

    D．创建元件之后，用户就可以使用元件的实例

（4）关于元件的叙述，下列说法正确的是（　　）。

    A．只有图形对象或声音可以转换为元件

    B．元件里面可以包含任何内容，甚至包括它自己的实例

    C．元件的实例不能再次转换为元件

    D．以上均错

（5）如果要创建一个动态按钮，至少需要（　　）。

    A．影片剪辑元件　　　　　　　　B．按钮元件

    C．图形元件和按钮元件　　　　　D．影片剪辑元件和按钮元件

2．操作题

（1）在影片中创建元件，并且转换元件的类型。

（2）制作一个简单的文字按钮。

（3）创建一个图形元件，并且改变图形元件实例的颜色效果。

（4）把常用的素材全部保存到一个"库"面板中。

第7章 Flash CC 特效应用

在 Flash CC 中，新增了很多图形和动画的设置功能，利用这些功能，用户可以在 Flash 中轻松并且快速地创建各种动画效果。

本章要点
- Flash CC 中的滤镜效果
- Flash CC 中的混合模式

7.1 滤镜效果

滤镜是 Flash 提供的一些特殊效果，通过设置这些效果，可以方便、快捷地得到不同的图形特效。Flash CC 共提供了 7 种不同的特效。在 Flash CC 中使用滤镜的操作步骤如下。

1）在工作区中选择需要添加滤镜的对象。

2）选择"窗口"→"属性"命令，打开"属性"面板，如图 7-1 所示。

3）单击"滤镜"选项组，打开滤镜列表框，单击加号按钮弹出滤镜选项菜单，如图 7-2 所示。

图 7-1 滤镜"属性"面板

图 7-2 滤镜选项菜单

4）对同一个对象可以添加多个滤镜效果，如图 7-3 所示。

5）对于多个滤镜命令，可以使用鼠标在滤镜列表框中拖拽，以改变滤镜的排列顺序，如图 7-4 所示。

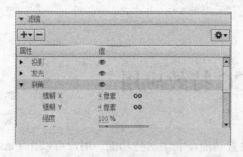

图 7-3　滤镜选项列表　　　　　　　　　　　图 7-4　改变滤镜的排列顺序

6）如果要保存组合在一起的滤镜效果，可以选择"预设"→"另存为"命令，将效果保存起来，以便于直接应用到其他对象中。当要为动画中的多个对象应用同样的滤镜效果组合时，使用此命令可以大大提高工作效率。

7）对于添加错误的滤镜效果，可以单击"删除"按钮　将其删除。

提示：Flash CC 中的滤镜只能够添加到文本、按钮元件和影片剪辑元件上。当场景中的对象不适合应用滤镜效果时，"滤镜"选项前的加号按钮会处于灰色的不可用状态。

7.1.1　投影

投影滤镜的效果类似于 Fireworks 中的投影效果，它包括的参数有模糊、强度、品质、颜色、角度、距离、挖空、内阴影和隐藏对象，如图 7-5 所示。各参数说明如下。

- 模糊：设置投影的模糊程度，可分别对 X 轴和 Y 轴两个方向设置，取值范围为 0～255 像素。如果单击 X 和 Y 后的链接按钮，可以取消 X、Y 方向上的链接，再次单击可以重新链接。

- 强度：设置投影的强烈程度。取值范围为 0%～25 500%，数值越大，投影的显示越清晰强烈。

- 品质：设置投影的品质高低。有"高""中""低" 3 个选项，品质越高，投影越清晰。

- 角度：设置投影的角度，取值范围为 0°～360°。

- 距离：设置投影的距离大小，取值范围为 -255～255 像素。

- 挖空：表示在将投影作为背景的基础上，挖空对象的显示。

图 7-5　投影滤镜的属性设置

- 内阴影：设置阴影的生成方向指向对象内侧。

- 隐藏对象：只显示投影而不显示原来的对象。

- 颜色：设置投影的颜色。单击"颜色"按钮，可以打开调色板选择颜色。

给文本添加投影滤镜，效果如图 7-6 所示。

图 7-6　文本添加投影滤镜后的效果

7.1.2　模糊

模糊滤镜的参数比较少，主要有"模糊"和"品质"两个参数，如图 7-7 所示。

对其中各个参数说明如下（因"模糊"参数与投影滤镜的"模糊"参数类似，这里不再讲述）。

品质：设置模糊的品质高低。有"高""中""低"3 个选项，品质越高，模糊效果越明显。

给文本添加模糊滤镜，效果如图 7-8 所示。

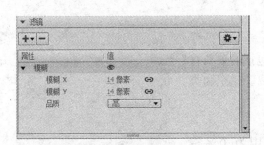

图 7-7　模糊滤镜的属性设置

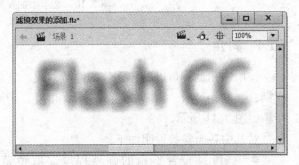

图 7-8　文本添加模糊滤镜后的效果

7.1.3　发光

发光滤镜的效果类似于 Photoshop 中的发光效果，它包括的参数有模糊、强度、品质、颜色、挖空和内发光，如图 7-9 所示。

图 7-9　发光滤镜的属性设置

对其中各个选项说明如下。

- 强度：设置发光的强烈程度。取值范围为 0%～25 500%，数值越大，发光的显示越清晰强烈。
- 品质：设置发光的品质高低。有"高""中""低" 3 个选项，品质越高，发光越清晰。
- 挖空：将发光效果作为背景，然后挖空对象的显示。
- 内发光：设置发光的生成方向指向对象内侧。

给文本添加发光滤镜，效果如图 7-10 所示。

图 7-10　文本添加发光滤镜后的效果

7.1.4　斜角

使用斜角滤镜可以制作立体的浮雕效果，它包括的参数有模糊、强度、品质、阴影、加亮显示、角度、距离、挖空和类型，如图 7-11 所示。

对其中各个参数说明如下。

- 强度：设置斜角的强烈程度。取值范围为 0%～25 500%，数值越大，斜角的效果越明显。
- 品质：设置斜角倾斜的品质高低。有"高""中""低" 3 个选项，品质越高，斜角效果越明显。
- 阴影：设置斜角的阴影颜色，可以在调色板中选择颜色。
- 加亮显示：设置斜角的高光加亮颜色，也可以在调色板中选择颜色。
- 角度：设置斜角的角度，取值范围为 0°～360°。
- 距离：设置斜角距离对象的大小，取值范围为-255～255 像素。

图 7-11　斜角滤镜的属性设置

- 挖空：将斜角效果作为背景，然后挖空对象部分的显示。
- 类型：设置斜角的应用位置，可以是内侧、外侧或强制齐行，如果选择强制齐行，则在内侧和外侧同时应用斜角效果。

给文本添加斜角滤镜，效果如图 7-12 所示。

图 7-12　文本添加斜角滤镜后的效果

7.1.5　渐变发光

渐变发光滤镜的效果和发光滤镜的效果基本一样，只是可以调节发光的颜色为渐变色，还可以设置角度、距离和类型，如图 7-13 所示。

对其中各个参数说明如下。

- 强度：设置渐变发光的强烈程度。取值范围为 0%～25 500%，数值越大，渐变发光的显示越清晰强烈。
- 品质：设置渐变发光的品质高低。有"高""中""低" 3 个选项，品质越高，发光越清晰。
- 挖空：将渐变发光效果作为背景，然后挖空对象的显示。
- 角度：设置渐变发光的角度，取值范围为 0°～360°。
- 距离：设置渐变发光的距离大小，取值范围为 −255～255 像素。

图 7-13　渐变发光滤镜的属性设置

- 类型：设置渐变发光的应用位置，可以是内侧、外侧或强制齐行。
- 渐变：其中的渐变色条是控制渐变颜色的工具，在默认情况下为白色到黑色的渐变色。将鼠标指针移动到色条上，单击可以增加新的颜色控制点。往下方拖拽已经存在的颜色控制点，可以删除被拖拽的控制点。单击控制点上的颜色块，会打开系统调色板，让用户选择要改变的颜色。

给文本添加渐变发光滤镜，效果如图 7-14 所示。

图 7-14　文本添加渐变发光滤镜后的效果

7.1.6　渐变斜角

使用渐变斜角滤镜同样可以制作出比较逼真的立体浮雕效果，它的控制参数和斜角滤镜的相似，所不同的是它更能精确控制斜角的渐变颜色，其属性设置如图7-15 所示。

"渐变斜角"与"斜角"滤镜相比，多了"渐变"参数。其他参数含义同"斜角"滤镜相同，这里不再详述。

渐变：其中的渐变色条是控制渐变颜色的工具，在默认情况下为白色到黑色的渐变色。将鼠标指针移动到色条上，单击可以增加新的颜色控制点。往下方拖拽已经存在的颜色控制点，可以删除被拖拽的控制点。单击控制点上的颜色块，会打开系统调色板，让用户选择要改变的颜色。

给文本添加渐变斜角滤镜，效果如图7-16 所示。

图 7-15　渐变斜角滤镜的属性设置

图 7-16　文本添加渐变斜角滤镜后的效果

7.1.7　调整颜色

调整颜色滤镜用于对影片剪辑、文本或按钮进行颜色调整，例如亮度、对比度、饱和度和色相，如图7-17 所示。

图 7-17　调整颜色滤镜的属性设置

对其中各个参数说明如下。

- 亮度：调整对象的亮度。向左拖动滑块可以降低对象的亮度，向右拖动可以增强对象的亮度，取值范围为-100～100。
- 对比度：调整对象的对比度。取值范围为-100～100，向左拖动滑块可以降低对象的对比度，向右拖动可以增强对象的对比度。
- 饱和度：设定颜色的饱和程度。取值范围为-100～100，向左拖动滑块可以降低对象中包含颜色的浓度，向右拖动可以增加对象中包含颜色的浓度。
- 色相：调整对象中各个颜色色相的浓度，取值范围为-180～180，使用该参数对色相的控制没有 Fireworks 准确。

给影片剪辑元件添加调整颜色滤镜，效果如图 7-18 所示。

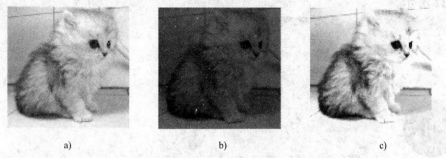

a)　　　　　　　　　　b)　　　　　　　　　　c)

图 7-18　添加调整颜色滤镜前后的对比效果

a) 原图　b) 变暗　c) 染色

7.2　案例实战：设计精致 Web 按钮

下面使用 Flash CC 中的滤镜命令，来制作一个富有立体感的按钮效果，该按钮效果在 Flash 动画中的应用很多。具体操作步骤如下。

1）新建一个 Flash 文件。

2）选择工具箱中的椭圆工具，在"属性"面板中设置椭圆工具的属性：设置笔触颜色为"透明"，设置填充颜色为"蓝色"。

3）在舞台中，按住〈Shift〉键拖拽鼠标，绘制一个正圆，如图 7-19 所示。

4）选择"修改"→"转换为元件"命令（快捷键：〈F8〉），弹出"转换为元件"对话框。在"名称"文本框中输入"正圆"，并且选择元件的"类型"为"影片剪辑"，如图 7-20 所示。

图 7-19　在舞台中绘制一个正圆

图 7-20　"转换为元件"对话框

5）在"注册"选项中调整元件注册中心点的位置。

6）单击"确定"按钮，即可完成元件的转换操作。

7）选择"窗口"→"属性"→"滤镜"命令，打开"滤镜"面板。

8）单击按钮 ，打开"滤镜"面板的选项菜单，选择"斜角"命令。

9）设置"斜角"滤镜参数。"模糊"为10，"强度"为120，"品质"为"高"，"阴影"为"黑色"，"加亮显示"为"白色"，"角度"为45，"距离"为5，"类型"为"内侧"，如图7-21所示。

10）选中舞台中的影片剪辑元件，选择"修改"→"转换为元件"命令（快捷键:〈F8〉），弹出"转换为元件"对话框。

11）在"名称"文本框中输入"立体按钮"，并且选择元件的"类型"为"按钮"，如图7-22所示。

图7-21　斜角滤镜设置　　　　　　　　　　图7-22　"转换为元件"对话框

12）在舞台中的按钮元件上快速双击，进入按钮元件的编辑状态，如图7-23所示。

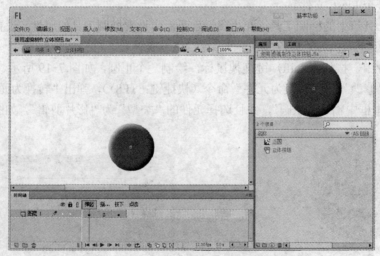

图7-23　进入按钮元件的编辑状态

13）在时间轴面板的"按下"状态按〈F6〉键插入关键帧，如图7-24所示。

14）选择"按下"状态中的正圆，在"属性"面板中调整"斜角"滤镜的属性参数：设置"角度"为230，其他参数保持不变，如图7-25所示。

图7-24　在"按下"状态插入关键帧　　　　图7-25　设置"按下"状态中斜角滤镜的参数

15）在按钮元件的时间轴中新建"图层2"，如图7-26所示。

16）选择工具箱中的文本工具，在"图层2"的"弹起"状态中输入文本"按钮"，并将其对齐到椭圆的中心位置，如图7-27所示。

图7-26　新建"图层2"　　　　　　　　图7-27　在"图层2"中输入文本

17）选择"图层2"中的文本，打开"滤镜"面板。使用和前面相同的方法，给文本添加"渐变发光"滤镜。

18）设置"渐变发光"滤镜参数。"模糊X"和"模糊Y"都为3，"强度"为250，"品质"为"高"，"角度"为0，"距离"为0，"类型"为"外侧"，如图7-28所示。

19）至此，按钮效果制作完毕，单击时间轴左上角的场景名称，即可返回到场景的编辑状态。

20）选择"控制"→"测试影片"命令（快捷键：〈Ctrl+Enter〉），在Flash播放器中预览动画效果，如图7-29所示。

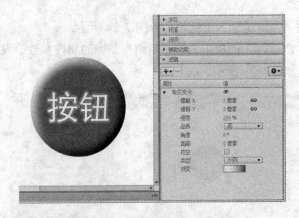

图 7-28 文本的渐变发光滤镜设置   图 7-29 在 Flash 播放器中预览的效果

说明：通过上面的实例可以看出，Flash CC 拥有很强大的美化对象功能，综合利用这些新增的滤镜，可以轻松制作出许多以前只有在图像设计软件中才可以制作的效果。

7.3 Flash CC 混合模式

相信熟悉 PhotoShop 的读者一定十分了解图层混合模式，它可以将两幅画像混合为一幅特殊效果的图像，下面就来介绍一下 Flash CC 中的混合模式。

7.3.1 混合模式概述

当两个图像的颜色通道以某种数学计算方法混合叠加到一起的时候，两个图像会产生某种特殊的变化效果。在 Flash CC 中提供了图层、变暗、正片叠底、变亮、滤色、叠加、强光、增加、减去、差值、反相、Alpha 和擦除混合模式，使用混合模式的操作步骤如下。

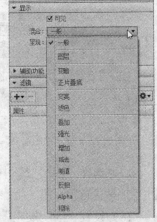

1）选择舞台中需要添加混合模式的对象。

2）打开"属性"面板中的"混合"下拉列表框，如图 7-30 所示。

3）选择相应的混合模式命令。但对同一个对象只能选择一个混合模式效果。当需要删除混合模式效果时，可以在"混合"下拉列表框中选择"一般"命令。

提示：Flash CC 中的混合模式只能添加到按钮元件和影片剪辑元件上。当场景中的对象不适合应用混合模式效果时，"属性"面板中的"混合"下拉列表框处于灰色，为不可用状态。

图 7-30 "混合"下拉列表框

7.3.2 添加混合模式效果

为了直观地显示混合模式的应用效果，首先需要向舞台中导入两张图片素材，如图 7-31

所示。然后将这两张图片重叠到一起，并且把上方的图片转换为影片剪辑元件。选中影片剪辑元件，在"属性"面板中会发现"混合"下拉列表框变为可选状态，如图7-32所示，即表示可以选择不同的混合模式命令了。

图7-31　导入到舞台中的位图素材　　　　图7-32　把图片转换为影片剪辑元件，并且对齐到一起

- 变暗：查看对象中的颜色信息，并选择基色或混合色中较暗的颜色作为结果色。比混合色亮的像素被替换，比混合色暗的像素保持不变，效果如图7-33所示。
- 正片叠底：查看对象中的颜色信息，将基色与混合色复合，并且结果色总是较暗的颜色。任何颜色与黑色复合产生黑色，任何颜色与白色复合保持不变，效果如图7-34所示。

图7-33　"变暗"效果　　　　　　　　图7-34　"正片叠底"效果

- 变亮：查看对象中的颜色信息，并选择基色或混合色中较亮的颜色作为结果色。比混合色暗的像素被替换，比混合色亮的像素保持不变，如图7-35所示。
- 滤色：用基准颜色乘以混合颜色的反色，从而产生漂白效果，如图7-36所示。

图7-35　"变亮"效果　　　　　　　　图7-36　"滤色"效果

- 叠加：复合或过滤颜色，具体取决于基色。图案或颜色在现有像素上叠加，同时保留基色的明暗对比。不替换基色，但基色与混合色相混以反映原色的亮度或暗度，如图7-37所示。
- 强光：复合或过滤颜色，具体取决于混合色。此效果与耀眼的聚光灯照在图像上产生的效果相似，如图7-38所示。

图 7-37 "叠加" 效果

图 7-38 "强光" 效果

- 增加：在基准颜色的基础上增加混合颜色，如图7-39所示。
- 减去：从基准颜色中去除混合颜色，如图7-40所示。

图 7-39 "增加" 效果

图 7-40 "减去" 效果

- 差值：从基准颜色中去除混合颜色或者从混合颜色中去除基准颜色。从亮度较高的颜色中去除亮度较低的颜色，具体取决于哪一个颜色的亮度值更大。与白色混合将反转基色值，与黑色混合则不产生变化，如图7-41所示。
- 反相：反相显示基准颜色，如图7-42所示。

图 7-41 "差值" 效果

图 7-42 "反相" 效果

- Alpha（透明）：透明显示基准色，如图 7-43 所示。
- 擦除：擦除影片剪辑中的颜色，显示其下层的颜色，如图 7-44 所示。

图 7-43 "Alpha（透明）"效果   图 7-44 "擦除"效果

在动画设计中，灵活地使用图像的混合模式，可以得到更加丰富的颜色效果。

7.4 使用动画预设

使用动画预设，可以把经常使用的动画效果保存成一个预设，从而方便以后的调用或者与团队中的其他人共享此效果。

选择"窗口"→"动画预设"命令，即可打开 Flash CC 的"动画预设"面板，如图 7-45 所示。在"动画预设"面板中，Flash CC 内置了 29 种不同的动画效果供用户使用，当然，用户也可以添加自定义的效果。需要注意的是，如果希望能够使用所有的内置效果，添加的对象必须是影片剪辑元件。下面通过一个简单的实例来进行说明，具体操作步骤如下。

1）新建一个 Flash 文件。

2）导入外部素材，并且转换为影片剪辑元件，如图 7-46 所示。

图 7-45 "动画预设"面板   图 7-46 导入外部素材

3）打开"动画预设"面板，选择需要的动画效果，然后单击面板右下角的"应用"按钮，就可以把动画效果应用到影片剪辑元件上了，如图7-47所示。

4）如果需要把所制作的动画效果进行保存，可以先使用补间动画的方式制作所需要的效果。

5）选中补间动画的所有帧，然后单击"动画预设"面板左下角的"将选区另存为预设"按钮，在弹出的"将预设另存为"对话框的"预设名称"文本框中输入"我的动画预设"，如图7-48所示，最后单击"确定"按钮。

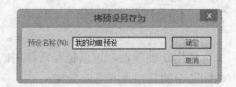

图7-47　应用动画预设后的效果　　　　　　　图7-48　"将预设另存为"对话框

6）这样，用户自定义的预设就会自动保存到动画预设面板中的"我的动画预设"目录下，如图7-49所示。

7）如果需要把自定义的动画预设提供给他人使用，可单击"动画预设"面板右上角的小三角箭头，打开其选项菜单，选择"导出"命令，如图7-50所示。

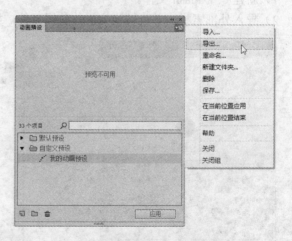

图7-49　用户自定义的动画预设　　　　　　　图7-50　导出动画预设

8）在弹出的"另存为"对话框中，选择需要保存的位置即可，如图7-51所示。

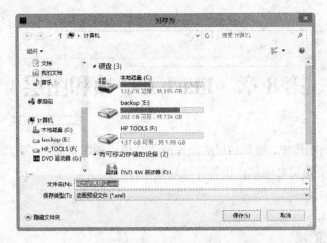

图 7-51 "另存为"对话框

9）Flash CC 会生成 XML 格式的动画预设文件，如果需要添加他人的动画预设效果，在"动画预设"面板的选项菜单中选择"导入"命令即可。

7.5 习题

1. 选择题

（1）不能添加滤镜的对象是（ ）。

    A. 影片剪辑元件   B. 按钮元件

    C. 文本   D. 图形元件

（2）不是 Flash CC 中时间轴特效命令的是（ ）。

    A. 变形   B. 分离   C. 模糊   D. 查找边缘

（3）不是 Flash CC 中混合模式的是（ ）。

    A. 变亮   B. 强调   C. 强光   D. 反转

（4）选择混合模式中的（ ）选项，可以生成漂白效果。

    A. 变亮   B. 强光   C. 荧幕   D. 反转

（5）如果要制作图片爆炸的效果，可以选择时间轴特效中的（ ）。

    A. 分离   B. 分散式重置   C. 模糊   D. 投影

2. 操作题

（1）使用 Flash CC 的滤镜为图形添加特效。

（2）使用 Flash CC 的混合模式改变图形的颜色。

第 8 章 Flash CC 帧和图层

在 Flash 的动画制作中，帧和图层的操作应该是使用频率最高的了。只有熟练地掌握帧和图层的操作，才能更快更好地制作出各种动画效果。

本章要点
- Flash CC 中的帧
- Flash CC 中的图层操作
- Flash CC 中的引导层
- Flash CC 中的遮罩层

8.1 帧

帧是 Flash 动画的构成基础，在整个动画制作的过程中，对于舞台中对象的时间控制，主要通过更改时间轴中的帧来完成。下面介绍 Flash 中帧的一些基本概念和操作。

8.1.1 帧的类型

Flash 中的帧可以分为关键帧、空白关键帧和静态延长帧 3 种类型。空白关键帧加入对象后即可转换为关键帧。

- 关键帧：用来描述动画中关键画面的帧，每个关键帧中的画面内容都是不同的。用户可以编辑当前关键帧所对应的舞台中的所有内容。关键帧在时间轴中显示为实心小圆点，如图 8-1 所示。

  空白关键帧和关键帧的概念一样，不同的是当前空白关键帧所对应的舞台中没有内容。空白关键帧在时间轴中显示为空心小圆点，如图 8-2 所示。

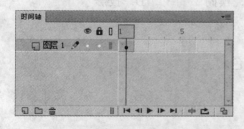
图 8-1　关键帧

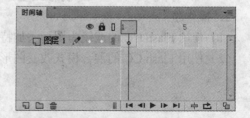
图 8-2　空白关键帧

- 静态延长帧：用来延长上一个关键帧的播放状态和时间，当前静态延长帧所对应的舞台不可编辑。静态延长帧在时间轴中显示为灰色区域，如图 8-3 所示。

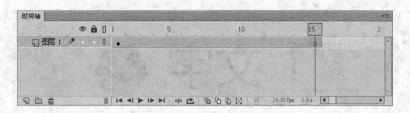

图 8-3　静态延长帧

8.1.2　创建和删除帧

对帧的操作，基本上都是通过时间轴来完成的，在时间轴的上方标有帧的序号，用户可以在不同的帧中添加不同的内容，然后连续播放这些帧即可生成动画。

1. 添加静态延长帧

在 Flash CC 中添加静态延长帧的方法有 3 种。

- 在时间轴中需要插入帧的地方按〈F5〉键可以快速插入静态延长帧。
- 在时间轴中需要插入帧的地方右击，在弹出的快捷菜单中选择"插入帧"命令。
- 单击时间轴中需要插入帧的位置，选择"插入"→"时间轴"→"帧"命令。

2. 添加关键帧

在 Flash CC 中添加关键帧的方法有 3 种。

- 在时间轴中需要插入帧的地方按〈F6〉键可以快速插入关键帧。
- 在时间轴中需要插入帧的位置右击，在弹出的快捷菜单中选择"插入关键帧"命令。
- 单击时间轴中需要插入帧的位置，选择"插入"→"时间轴"→"关键帧"命令。

3. 添加空白关键帧

在 Flash CC 中添加空白关键帧的方法有 3 种。

- 在时间轴中需要插入帧的地方按〈F7〉键可以快速插入空白关键帧。
- 在时间轴中需要插入帧的地方右击，在弹出的快捷菜单中选择"插入空白关键帧"命令。
- 单击时间轴中需要插入帧的位置，选择"插入"→"时间轴"→"空白关键帧"命令。

4. 删除和修改帧

要删除或修改动画的帧，同样也可以从右键的快捷菜单中选择相应的命令，但是最快的方法还是使用快捷键。

- 按〈Shift+F5〉键可以删除静态延长帧。
- 按〈Shift+F6〉键可以删除关键帧。

8.1.3　选择和移动帧

选择帧的目的是为了编辑当前所选帧中的对象，或者改变这一帧在时间轴中的位置。

1. 选择帧

要选择单帧，可以直接在时间轴上单击要选择的帧，从而选择该帧所对应舞台中的所有对象，如图 8-4 所示。

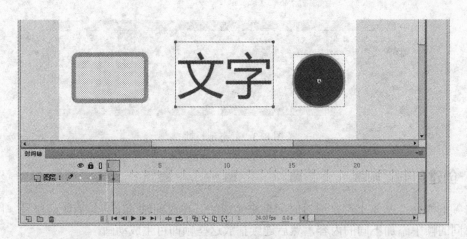

图 8-4　选择时间轴中的单帧

2．选择帧序列

选择帧序列（多个帧）的方法有两种：一是直接在时间轴上拖拽鼠标指针进行选择；二是按住〈Shift〉键的同时选择多帧，如图 8-5 所示。

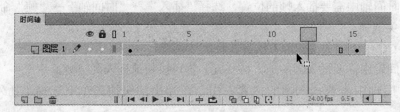

图 8-5　选择时间轴中的帧序列

用户可以改变某帧在时间轴中的位置，连同帧的内容一起改变，实现这个操作最快捷的方法就是利用鼠标。选中要移动的帧或者帧序列，单击鼠标并拖拽到时间轴中新的位置即可，如图 8-6 所示。

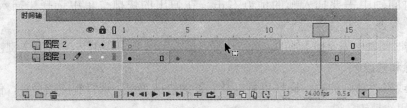

图 8-6　移动时间轴中的帧

8.1.4　编辑帧

下面介绍复制和粘贴帧、翻转帧和清除关键帧的操作。

1．复制和粘贴帧

对帧进行复制和粘贴的操作步骤如下。

1）选择要复制的帧或帧序列。

2）右击，在弹出的快捷菜单中选择"复制帧"命令，如图 8-7 所示。

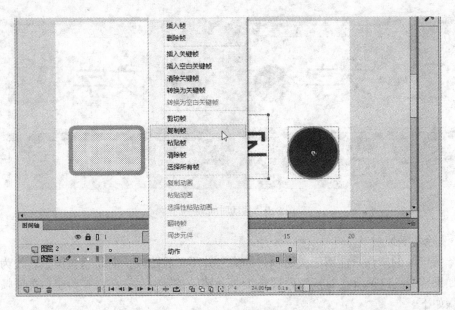

图 8-7   选择"复制帧"命令

3）选择时间轴中需要粘贴帧的位置，右击，在弹出的快捷菜单中选择"粘贴帧"命令即可。

2．翻转帧

利用翻转帧的功能可以使一段连续的关键帧序列进行逆转排列，最终的效果是倒着播放动画，具体操作步骤如下。

1）选择要翻转的帧序列。

2）右击，在弹出的快捷菜单中选择"翻转帧"命令，如图 8-8 所示。

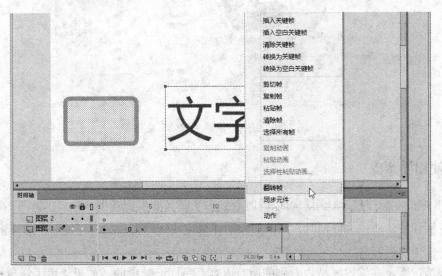

图 8-8   选择"翻转帧"命令

翻转帧前后的对比效果如图 8-9 所示。

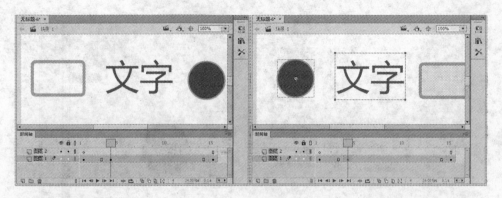

图 8-9　移动时间轴中的帧

3．清除关键帧

清除关键帧的操作只能用于关键帧，因为它并不是删除帧，而是将关键帧转换为静态延长帧，如果这个关键帧所在的帧序列只有 1 帧，清除关键帧后它将转换为空白关键帧，具体操作步骤如下。

1）选择要清除的关键帧。

2）右击，在弹出的快捷菜单中选择"清除关键帧"命令，如图 8-10 所示。

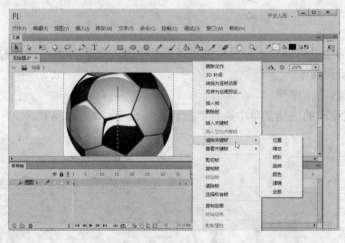

图 8-10　选择"清除关键帧"命令

8.1.5　使用洋葱皮

Flash 中的洋葱皮技术让用户可以同时看到多个帧（非当前帧用浅色显示）。在勾勒差别不大的表情和肢体动作关键帧时，用前后帧的洋葱皮浅线作为参照，可使细小的修正、调整和绘制工作变得更容易。

一般情况下，在编辑区域内看到的所有内容都是同一帧中的，如果使用了洋葱皮功能就可以同时看到多个帧中的内容。这样便于比较多个帧内容的位置，使用户更容易安排动画及给对象定位等。

1．绘图纸外观

单击时间轴下方的"绘图纸外观"按钮 ![btn]，会看到当前帧以外的其他帧，它们以不同的透明度来显示，但是不能选择，如图 8-11 所示。这时，在时间轴的帧数上会多了一个大括号，这是洋葱皮的显示范围，只需要拖拽该大括号，就可以改变当前洋葱皮工具的显示范围了。

2．绘图纸外观轮廓

单击时间轴下方的"绘图纸外观轮廓"按钮 ![btn]，在舞台中的对象会只显示边框轮廓，而不显示填充，如图 8-12 所示。

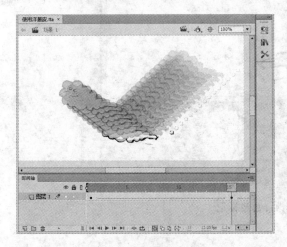

图 8-11　使用绘图纸外观　　　　　　　图 8-12　使用绘图纸外观轮廓

3．多个帧编辑模式

单击时间轴下方的"编辑多个帧"按钮 ![btn]，在舞台中只会显示关键帧中的内容，而不显示补间的内容，并且可以对关键帧中的内容进行修改，如图 8-13 所示。

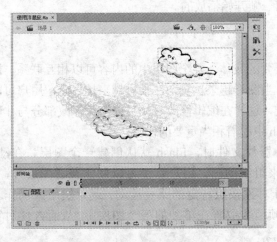

图 8-13　使用多个帧编辑模式

4．修改洋葱皮标记

单击时间轴下方的"修改标记"按钮 ![btn]，显示如图 8-14 的下拉菜单，可以对洋葱皮的显示范围进行控制。

- 始终显示标记：选中后，不论是否启用绘图纸外观，都会显示标记。
- 锚定标记：在默认情况下，启用洋葱皮范围是以目前所在的帧为标准的，如果当前帧改变，洋葱皮的范围也会跟着变化。
- 标记范围2、标记范围5、标记所有范围：快速地将洋葱皮的范围设置为2帧、5帧以及全部帧。

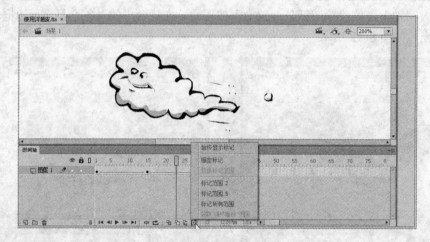

图8-14　修改洋葱皮标记

8.2　图层

图层是时间轴的一部分，图层如同透明的玻璃，一层一层地叠加在一起。用户可以在不同的图层中放置对象，这样在对象编辑和动画制作的时候就不会相互影响了。所有的图层在时间轴上都是默认从第一帧开始播放的。

8.2.1　图层的概念

图层是一个图案要素的载体，各个图层中的内容可以相互联系。图层给用户提供了一个相对独立的创作空间，当图形越来越复杂，素材越来越多时，用户可以利用图层很清楚地将不同的图形和素材分类，这样在编辑修改时就可以避免修改部分与非修改部分之间的相互干扰。因此，图层在Flash中起着相当重要的作用。

当新建一个Flash影片文件时，Flash默认创建一个图层。在动画的制作过程中，可以通过增加新的图层来组织动画。用户除了可以创建普通图层外，还可以创建引导层和遮罩层。引导层用来让对象按照特定的路径运动；遮罩层用来制作一些复杂的特殊效果。用户还可以将声音和帧函数放置在单独的一个图层中，从而方便对它们进行查找和管理。

8.2.2　图层的基本操作

对于图层，Flash CC除了提供一些基本的图层操作以外，还提供了有自身特点的图层锁定和线框显示等操作。图层的大部分操作都是在时间轴中完成的，下面对这些操作进行详细介绍。

1．创建和删除图层

Flash CC 中的所有图层都是按创建的先后顺序由下到上统一放置在时间轴中的，最先建立的图层放置在最下面。当然图层的顺序也是可以拖拽调整的。当用户创建一个新的影片文件的时候，Flash CC 默认只有一个图层 1。如果用户要创建新的图层，可以通过下面的 3 种操作来完成。

1）选择"插入"→"时间轴"→"图层"命令。

2）在时间轴中需要添加图层的位置右击，在弹出的快捷菜单中选择"插入图层"命令。

3）在时间轴中单击"新建图层"按钮 。

在执行了上述方法之一后，都可以创建一个新的图层，如图 8-15 所示。

对于不需要的图层，用户也可以将其删除，在 Flash CC 中有以下两种操作可以删除图层。

1）选中需要删除的图层，右击，在弹出的快捷菜单中选择"删除图层"命令。

2）选中需要删除的图层，在时间轴中单击"删除图层"按钮 。

2．更改图层名称

在创建新的图层时，Flash CC 会按照系统默认的名称"图层 1""图层 2"等依次命名。在制作一个复杂的动画效果时，用户要建立十几个甚至是几十个图层，如果沿用默认的图层名称，将很难区分或记忆每一个图层的内容。因此，需要对图层进行重命名。双击想要重命名的图层名称，然后输入新的名称即可，如图 8-16 所示。

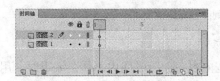
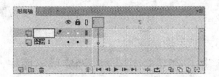

图 8-15　创建一个新的图层　　　　　　　　图 8-16　更改图层的名称

3．选择图层

在 Flash CC 中有多种方法选择一个图层，较常用的方法有以下 3 种。

- 直接在时间轴上单击所要选择的图层名称。
- 在时间轴上单击所要选择图层所包含的帧，则该图层会被选中。
- 在舞台中单击要编辑的图形，则包含该图形的图层会被选中。

有时为了编辑的需要，用户可能要同时选择多个图层。这时可以按〈Shift〉键选取连续的多个图层如图 8-17a 所示，也可以按住〈Ctrl〉键选取多个不连续的图层，如图 8-17b 所示。

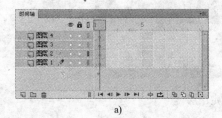
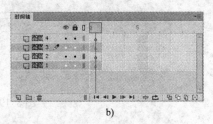

a)　　　　　　　　　　　　　　　b)

图 8-17　不同选择方式的对比效果

a) 按〈Shift〉键选取连续多个图层　b) 按〈Ctrl〉键选取多个不连续的图层

4. 改变图层的排列顺序

图层的排列顺序会直接影响图形的重叠形式，即排列在上面的图层会遮挡下面的图层。用户可以根据需要任意改变图层的排列顺序。

改变图层排列顺序的操作很简单，只需要在时间轴中拖拽图层到相应的位置即可，图 8-18 所示为更改两个图层排列顺序的对比效果。

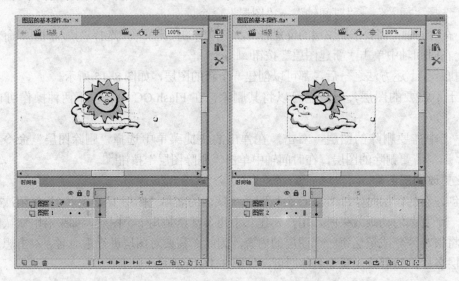

图 8-18　更改图层的排列顺序对比效果

5. 锁定图层

当用户在某些图层上已经完成了操作，而这些内容在一段时间内不需要编辑时，用户可以将这些图层锁定，以免对其中内容误操作。锁定图层的操作步骤如下。

1）选择需要锁定的图层。

2）单击时间轴中的"锁定图层"按钮 ，锁定当前图层，如图 8-19 所示。

图 8-19　锁定图层

3）再次单击"锁定图层"按钮 ，即可解除图层锁定状态。

说明：在图层锁定以后，不能编辑图层中的内容，但是可以对图层进行复制和删除等操作。

6. 显示和隐藏图层

某些时候用户要对对象进行详细的编辑，一些图层中的内容可能会影响用户的操作，那么可以把影响操作的图形先隐藏起来，等需要时再重新显示。显示和隐藏图层的操作步骤如下。

1）选择需要隐藏的图层。

2）单击时间轴中的"显示/隐藏图层"按钮 👁，隐藏当前图层，如图 8-20 所示。

3）再次单击"显示/隐藏图层"按钮 👁，即可显示图层，如图 8-21 所示。

图 8-20　隐藏图层　　　　　　　　　　　　　　图 8-21　显示图层

7. 显示图层轮廓

在一个复杂的影片中查找一个对象是很复杂的事情，用户可以利用 Flash 显示轮廓的功能进行区别，此时，每一层所显示的轮廓颜色是不同的，从而有利于用户分清图层中的内容，具体操作步骤如下。

1）选择需要显示轮廓的图层。

2）单击时间轴中的"显示图层轮廓"按钮 ☐，当前图层则以轮廓显示，如图 8-22 所示。

3）再次单击"显示图层轮廓"按钮 ☐，即可取消图层的轮廓显示状态，如图 8-23 所示。

图 8-22　显示图层轮廓　　　　　　　　　　　　图 8-23　取消图层轮廓显示

8. 使用图层文件夹

通过创建图层文件夹，可以组织和管理图层。在时间轴中展开和折叠图层文件夹不会影响在舞台中看到的内容，把不同类型的图层分别放置到图层文件夹中的操作步骤如下。

1）单击时间轴中的"新建文件夹"按钮，创建图层文件夹，如图 8-24 所示。

2）选择时间轴中的普通图层，将其拖拽到图层文件夹中，如图 8-25 所示。

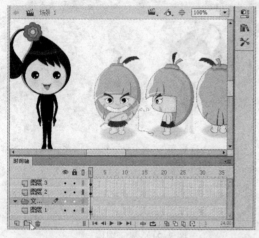 

图 8-24 插入图层文件夹   图 8-25 把图层移动到图层文件夹中

3）如果需要删除图层文件夹，可以单击时间轴中的"删除图层"按钮。

提示：在删除图层文件夹的时候，如果图层文件夹中有图层存在，则会被一同删除。

8.2.3 引导层

引导层是 Flash 中一种特殊的图层，在影片中起辅助作用。它可以分为普通引导层和运动引导层两种，其中，普通引导层起辅助定位的作用，运动引导层在制作动画时起引导运动路径的作用。

1. 普通引导层

普通引导层是在普通图层的基础上建立的，其中的所有内容只是在制作动画时作为参考，不会出现在最后的作品中。建立一个引导层的操作步骤如下。

1）选择一个图层，右击，在弹出的快捷菜单中选择"引导层"命令，如图 8-26 所示。

2）这时，普通图层则转换为普通引导层，如图 8-27 所示。

3）如果再次选择"引导层"命令，即可把普通引导层转换为普通图层。

提示：在实际的使用过程中，最好将普通引导层放置在所有图层的下方，这样就可以避免将一个普通图层拖拽到普通引导层的下方，把该引导层转换为运动引导层。

图 8-26 选择"引导层"命令

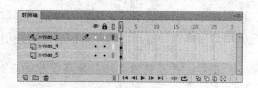

图 8-27 将普通图层转换为普通引导层

在图 8-28 所示的编辑窗口中,图层 1 是普通引导层,所有的内容都是可见的,但是在发布动画以后,只有普通图层中的内容可见,而普通引导层中的内容将不会显示。

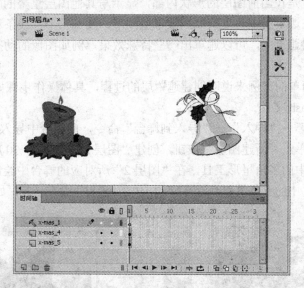

图 8-28 引导层中的内容在发布后的动画中不显示

2. 运动引导层

在 Flash CC 中,用户可以使用运动引导层来绘制物体的运动路径。在制作以元件为对象并沿着特定路径移动的动画中,运动引导层的应用较多。和普通引导层相同的是,运动引导层中的内容在最后发布的动画中也是不可见的。创建运动引导层的步骤如下。

1)选择一个图层。

2)右击,在弹出的快捷菜单中选择"添加传统运动引导层"命令,即可在当前图层的上方创建一个运动引导层,如图 8-29 所示。

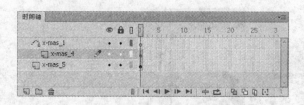

图 8-29　创建运动引导层

3）如果需要删除运动引导层，可以单击时间轴中的"删除图层"按钮 。

运动引导层总是与至少一个图层相连，与它相连的层是被引导层。将层与运动引导层相连可以使运动引导层中的物体沿着运动引导层中设置的路径移动。在创建运动引导层时，被选中的层会与该引导层相连，并且被引导层在引导层的下方，这表明了一种层次或从属关系。

提示：关于使用运动引导层制作动画的技巧，将在第 9 章进行介绍。

8.3　案例实战：设计遮罩特效

遮罩层的作用就是在当前图层的形状内部，显示与其他图层重叠的颜色和内容，而不显示不重叠的部分。在遮罩层中可以绘制一般单色图形、渐变图形、线条和文本等，它们都能作为挖空区域。利用遮罩层，可以遮罩出一些特殊效果，例如图像的动态切换、探照灯和百叶窗效果等。

下面通过一个简单的案例来说明创建遮罩层的过程，具体操作步骤如下。

1）新建一个 Flash 文件。

2）选择"文件"→"导入"→"导入到舞台"命令，向舞台中导入一张图片素材。

3）在时间轴中单击"新建图层"按钮，创建"图层 2"，如图 8-30 所示。

4）使用工具箱中的多角星形工具，在"图层 2"所对应的舞台中绘制一个五角星。

5）将"图层 2"中的五角星和"图层 1"中的图片素材重叠在一起，如图 8-31 所示。

图 8-30　新建"图层 2"

图 8-31　重叠"图层 1"和"图层 2"中的素材

6）右击"图层2"，在弹出的快捷菜单中选择"遮罩"命令，效果如图8-32所示。

7）效果完成，图片显示在五角星的形状中。如果需要取消遮罩效果，可以再次选择"遮罩"命令。

说明：一旦选择"遮罩"命令，相应的图层就会自动锁定。如果要对遮罩层中的内容进行编辑，必须先取消图层的锁定状态。

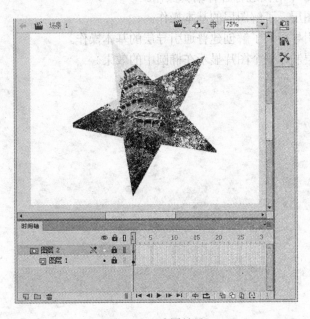

图8-32　遮罩效果

8.4　习题

1．选择题

（1）要删除一个关键帧，可以执行（　　）操作。

    A．选中此关键帧，按〈Delete〉键

    B．选中此关键帧，选择"插入"→"删除帧"命令

    C．选中此关键帧，选择"插入"→"清除关键帧"命令

    D．选中此关键帧，选择"编辑"→"时间轴"→"删除帧"命令

（2）插入静态延长帧的快捷键是（　　）。

    A．〈F5〉　　　　　B．〈F6〉　　　　　C．〈F7〉　　　　　D．〈F8〉

（3）引导层中的内容在预览动画的时候（　　）。

    A．可见　　　　　B．不可见　　　　　C．可编辑　　　　　D．不知道

（4）制作遮罩效果最少需要（　　）个图层。

    A．2　　　　　　　B．3　　　　　　　C．8　　　　　　　D．15

（5）在操作的过程中，为了避免编辑其他图层中的内容，可以（　　）。

A. 以轮廓来显示图层中的内容

B. 删除图层

C. 锁定或隐藏图层

D. 继续新建图层

2．操作题

（1）在 Flash CC 中对帧进行各种编辑操作。

（2）新建普通图层，了解图层的基本操作。

（3）新建普通引导层，了解创建普通引导层的基本操作。

（4）使用遮罩层制作一个图片显示在椭圆中的效果。

第9章 Flash CC 动画制作

Flash 动画原理与在 Fireworks 中制作 GIF 动画的原理是完全一样的，有关动画原理这里就不再赘述。Flash 主要提供了 5 种类型的动画效果和制作方法，具体包括逐帧动画、运动补间动画、形状补间动画、引导线动画和遮罩动画。本章将分别对这些 Flash 动画类型进行讲解。

本章要点
- 帧动画制作
- 运动补间动画制作
- 形状补间动画制作
- 引导线动画制作
- 遮罩动画制作
- 复合动画制作

9.1 逐帧动画

逐帧动画的每一帧内容都不同，当制作完成一幅一幅的画面并连续播放时，就可以看到运动的画面了。要创建逐帧动画，每一帧都必须定义为关键帧，然后在每一帧中创建不同的画面。

9.1.1 导入素材生成动画

导入素材并生成动画的操作步骤如下。

1）新建一个 Flash 文件。选择"文件"→"导入"→"导入到舞台"命令（快捷键：〈Ctrl+R〉），弹出"导入"对话框，如图 9-1 所示。

2）选择第一个文件，单击"打开"按钮，会弹出一个提示对话框，询问用户是否导入所有图片，因为所有图片的文件名是连续的，如图 9-2 所示。

图 9-1 "导入"对话框

图 9-2 系统询问

3）单击"是"按钮，Flash 会把所有的图片导入到舞台中，并且在时间轴中按顺序排列到不同帧上，如图 9-3 所示。

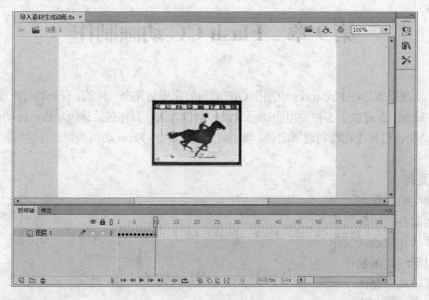

图 9-3　时间轴

4）按〈Ctrl+Enter〉键即可预览动画效果。

9.1.2　逐帧动画制作

下面通过一个具体案例来讲解逐帧动画的制作过程，具体操作步骤如下。

1）新建一个 Flash 文件。

2）选择工具箱中的文本工具，在舞台中输入"欢迎您访问本小站"，如图 9-4 所示。

3）选择舞台中的文本，在"属性"面板中设置文本的属性：字体为"黑体"，字体大小为"50"，文本颜色为"黑色"。

4）在时间轴中按〈F6〉键插入关键帧，这里一共插入 8 个关键帧，因为一共有 8 个字，如图 9-5 所示。

欢迎您访问本小站

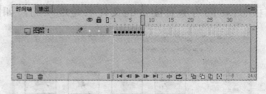

图 9-4　在舞台中输入文本　　　　　　　　图 9-5　插入 8 个关键帧

5）选择第 1 帧，把舞台中的"迎您访问本小站"文本都删除掉，只保留第一个字，如图 9-6 所示。

6）选择第 2 帧，把舞台中的"您访问本小站"文本都删除掉，只保留前两个字，如图 9-7 所示。

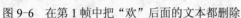

图 9-6　在第 1 帧中把"欢"后面的文本都删除　　　　　图 9-7　在第 2 帧中只保留前两个字

7）使用同样的方法，依次删除其他帧中的文本，使每一帧中只保留和当前帧数相同的文本。

8）在最后一帧保留所有的文本。

9）选择"控制"→"测试影片"命令（快捷键：〈Ctrl+Enter〉），在 Flash 播放器中预览动画效果，如图 9-8 所示。

10）但是，这时的动画播放速度很快，需要适当调整。

11）选择"修改"→"文档"命令（快捷键：〈Ctrl+J〉），弹出"文档设置"对话框。

12）更改"帧频"为 1，如图 9-9 所示。

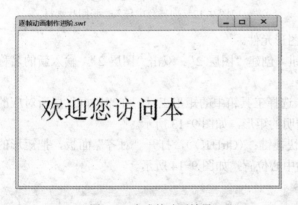

图 9-8　完成的动画效果　　　　　　　　图 9-9　设置文档设置中的"帧频"为 1

13）选择"控制"→"测试影片"命令（快捷键：〈Ctrl+Enter〉），在 Flash 播放器中预览动画效果。

说明：动画的播放频率可以通过 Flash 的帧频进行控制。把帧频更改为 1（每秒钟播放一帧），播放速度就会减慢；反之，播放速度就会变快。

9.1.3　上机操作：设计 Banner 数码广告

本例制作一个数码相机网络广告，由客户提供广告中的插图，要求把"样机"的各个部

分有所体现，并说明产品名称，使画面简洁明了，特点突出，开篇
点题，如图 9-10 所示。

图 9-10　数码相机动画效果

这个例子实现了一种图片闪烁的效果，该效果主要通过关键帧
和空白关键帧之间的快速切换来完成，是逐帧动画的应用，具体操
作步骤如下。

1）新建一个 Flash 文件。

2）选择"修改"→"文档"命令（快捷键：〈Ctrl+J〉），弹出"文档设置"对话框。

3）设置舞台的背景颜色为"白色"，宽度为"140"像素，高度为"60"像素，其他选项
保持默认状态，如图 9-11 所示。设置完毕后，单击"确定"按钮。

4）选择"文件"→"导入"→"导入到舞台" 命令（快捷键：〈Ctrl+R〉），向当前的舞
台中导入一张图片素材，如图 9-12 所示。

图 9-11　"文档设置"对话框

图 9-12　向舞台中导入一张图片素材

5）按〈F8〉键，把图片转换为一个图形元件。

6）单击时间轴中的"插入图层"按钮，创建"图层 2"。双击"图层 2"，输入新的名称
"边框"。

7）把"图层 1"名称改为"图片"。选择工具箱中的矩形工具，在"边框"层所对应的
舞台中绘制一个只有黑色边框、填充为透明的矩形，如图 9-13 所示。

8）选择"窗口"→"对齐"命令（快捷键：〈Ctrl+K〉），打开"对齐"面板，把矩形的
宽度和高度匹配舞台，并且对齐到舞台的中心位置，如图 9-14 所示。

图 9-13　在"边框"层中绘制一个矩形

图 9-14　把矩形对齐到舞台中心

9）该矩形的作用是为了给动画添加边框，同时确定图片在舞台中的位置，所以不需要制作动画，为了避免被编辑，把"边框"层锁定。

10）把第 1 帧中的图形元件和矩形对齐到相应的位置，如图 9-15 所示。

图 9-15　调整图片和矩形的位置

11）在"图片"层的第 16 帧和第 18 帧，按〈F6〉键，插入关键帧。

12）在"图片"层的第 15 帧和第 17 帧，按〈F7〉键，插入空白关键帧，如图 9-16 所示。

说明：通过关键帧和空白关键帧的快速切换，就可以实现动画的闪烁效果了。

13）使用同样的方法，以 4 个帧为一组，在第 31～34 帧中插入关键帧和空白关键帧，如图 9-17 所示。

图 9-16　在"图片"层中插入关键帧

图 9-17　第 31～34 帧中插入关键帧和空白关键帧

14）选择第 34 帧中的图形元件，调整图片素材的位置，如图 9-18 所示。

15）使用同样的方法，在第 51～54 帧中插入关键帧和空白关键帧。

16）选择第 54 帧中的图形元件，调整图片素材的位置，如图 9-19 所示。

图 9-18　调整第 34 帧中图片素材的位置

图 9-19　调整第 54 帧中图片素材的位置

17）使用同样的方法，在第71～74帧中插入关键帧和空白关键帧。

18）选择第74帧中的图形元件，在"属性"面板中调整元件的透明度为"40%"，如图9-20所示。

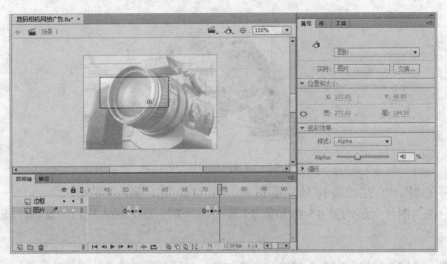

图9-20　调整第74帧中图形元件的透明度

19）使用同样的方法，在第101～104帧插入关键帧和空白关键帧。

20）选择第104帧中的图形元件，在"属性"面板中取消元件的透明度设置，如图9-21所示，并且调整元件的位置和第1帧一样。

图9-21　取消第104帧中图形元件的透明度

21）在"图片"层的第104帧按〈F5〉键插入静态延长帧。

22）单击时间轴面板中的"插入图层"按钮，创建"图层3"。双击，重命名为"文字"。

23）在"文字"层的第74帧按〈F7〉键插入空白关键帧。

24）选择工具箱中的文本工具，在"文字"层的第74帧中输入文本"数码相机"。

25）在"属性"面板中设置文本属性。文本类型为"静态文本"，文本填充为"黑色"，字体为"黑体"，字体大小为"20"，字体样式为"粗体"，如图9-22所示。

图 9-22　在舞台中输入文本

26）把"文字"层第74帧中的文本选中，在"属性"面板中选择"样式"下拉列表框中的"Alpha"选项，设置文本元件的透明度为"0%"，如图9-23所示。

图 9-23　设置"文字"层第74帧中元件的透明度为"0%"

27）选择"文字"层中的文本，按〈F8〉键将其转换为图形元件。

28）在"文字"层的第84帧按〈F6〉键插入空白关键帧。

29）在"文字"层的第74帧中右击，在弹出的快捷菜单中选择"创建传统补间"命令。

30）动画制作完毕。选择"控制"→"测试影片"命令（快捷键：〈Ctrl+Enter〉），在 Flash 播放器中预览动画效果。

9.2 补间动画

在传统的动画制作中，动画设计的主创人员并不需要一帧一帧地绘制动画中的内容，那样工作量是极其巨大的。通常主创人员只需要绘制动画中的关键帧，而由他们的助手来绘制关键帧之间的变化内容。

这也就是 Flash 动画中应用最多的一种动画制作模式——补间动画。用户只需要绘制出关键帧，软件就能自动生成中间的补间过程。Flash CC 提供了 3 种补间动画的制作方法：运动补间、形状补间和传统补间。

9.2.1 创建传统补间动画

Flash CC 中的传统补间只能够给元件的实例添加动画效果，使用传统补间，用户可以轻松地创建移动、旋转、改变大小和属性的动画效果。下面通过一个简单的案例，来学习有关创建传统补间动画的过程和方法。创建传统补间动画的操作步骤如下。

1）新建一个 Flash 文件。

2）选择"修改"→"文档"命令（快捷键：〈Ctrl+J〉），弹出"文档设置"对话框。

3）设置舞台的背景颜色为"黑色"，其他选项保持默认状态，如图 9-24 所示。设置完毕后，单击"确定"按钮。

4）选择工具箱中的文本工具，在舞台中输入"Flash Professional CC"，如图 9-25 所示。

图 9-24　设置舞台的背景颜色为"黑色"

5）选择舞台中的文本，在"属性"面板中设置文本的属性：字体为"Verdana"，字体大小为"50"，文本颜色为"白色"。

6）选择"修改"→"转换为元件"命令（快捷键：〈F8〉），弹出"转换为元件"对话框，把舞台中的文本转换为图形元件，如图 9-26 所示。

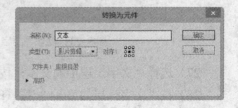

图 9-25　在舞台中输入文本　　　　　　　　　　　图 9-26　"转换为元件"对话框

7）选择"窗口"→"对齐"命令（快捷键：〈Ctrl+K〉），打开"对齐"面板，把转换好的图形元件对齐到舞台的中心位置，如图 9-27 所示。

图 9-27　使用对齐面板，把元件对齐到舞台中心

8）在时间轴的第 20 帧中按〈F6〉键插入关键帧，然后用选择工具选中第 20 帧所对应舞台中的元件。

9）选择"窗口"→"变形"命令（快捷键：〈Ctrl+T〉），打开"变形"面板，把图形元件的高度缩小为原来的 10%，宽度不变，如图 9-28 所示。

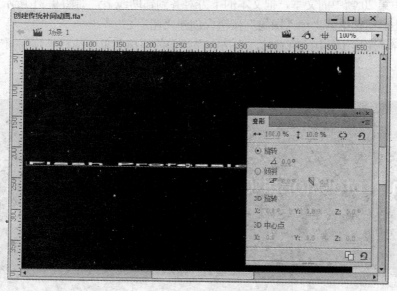

图 9-28　使用变形面板，把元件的高度缩小为原来的"10%"

10）在"属性"面板的"样式"下拉列表框中选择"Alpha"选项，设置第 20 帧中元件的透明度为"0%"，如图 9-29 所示。

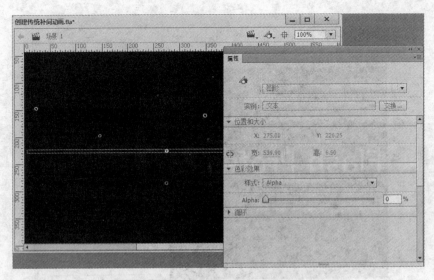

图 9-29　把第 20 帧中元件的透明度调整为"0%"

11）在"图层 1"的两个关键帧之间右击，在弹出的快捷菜单中选择"创建传统补间"命令。

12）选择"视图"→"标尺"命令（快捷键：〈Ctrl+Alt+Shift+R〉），打开舞台中的标尺。

13）从标尺中拖拽出辅助线，对齐第 1 帧中文本的下方，如图 9-30 所示。

14）选中第 20 帧中的文本，把文本的下方对齐到辅助线上，如图 9-31 所示。

15）单击时间轴中的"插入图层"按钮，创建"图层 2"。

16）选择"图层 1"中的所有帧，右击，在弹出的快捷菜单中选择"复制帧"命令。

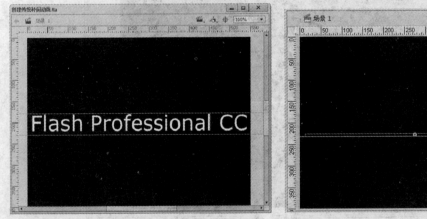

图 9-30　把辅助线对齐到第 1 帧文本的下方

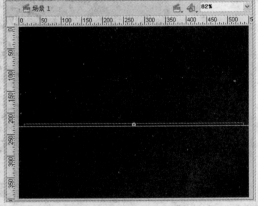

图 9-31　使第 20 帧的文本下方对齐辅助线

17）选择"图层 2"的第 1 帧，右击，在弹出的快捷菜单中选择"粘贴帧"命令，把"图层 1"中的动画效果直接复制到"图层 2"中，如图 9-32 所示。

提示： 复制帧以后，Flash 会在"图层 2"自动生成一些多余的帧，删除掉即可。

18）选择"图层 2"中的所有帧，右击，在弹出的快捷菜单中选择"翻转帧"命令。

19）从标尺中拖拽出辅助线，对齐第 1 帧中文本的上方，如图 9-33 所示。

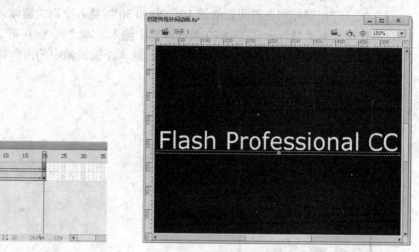

图 9-32　把"图层 1"中的动画效果直接
　　　　　复制到"图层 2"中

图 9-33　把辅助线对齐第 1 帧中文本的上方

20）把"图层 2"第 1 帧中的文本对齐辅助线的上方，如图 9-34 所示。

21）动画制作完毕。选择"控制"→"测试影片"命令（快捷键：〈Ctrl+Enter〉），在 Flash 播放器中预览动画效果，如图 9-35 所示。

9.2.2　创建形状补间动画

Flash CC 中的形状补间动画只能给分离后的可编辑对象或者是对象绘制模式下生成的对象添加动画效果。使用补间形状，可以轻松地创建几何变形和渐变色改变的动画效果。下面通过一个简单的案例，来学习有关创建形状补间动画的过程和方法。制作步骤如下。

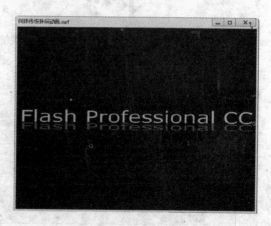

图 9-34　把"图层 2"第 1 帧的文本对齐辅助线的上方

图 9-35　动画完成效果

1）新建一个 Flash 文件。

2）选择工具箱中的文本工具，在"属性"面板中设置路径和填充样式。文本类型为

"静态文本"，文本填充为"黑色"，字体为"黑体"，字体大小为"96"，如图9-36所示。

3）使用文本工具在舞台中输入文本"网"字。

4）按〈F7〉键分别在时间轴的第10、20和30帧插入空白关键帧。

5）使用文本工具，分别在第10帧的舞台中输入文本"页"；在第20帧的舞台中输入文本"顽"；在第30帧的舞台中输入文本"主"。这4个关键帧中的内容如图9-37所示。

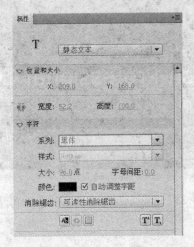

图9-36 文本工具"属性"设置    图9-37 每个关键帧中的文本内容

6）依次选择每个关键帧中的文本，然后选择"修改"→"分离"命令（快捷键：〈Ctrl+B〉），把文本分离成可编辑的网格状。

7）依次选择每个关键帧中的文本。在"属性"面板中设置文本的填充颜色为渐变色，使每个文本的渐变色都不同，效果如图9-38所示。

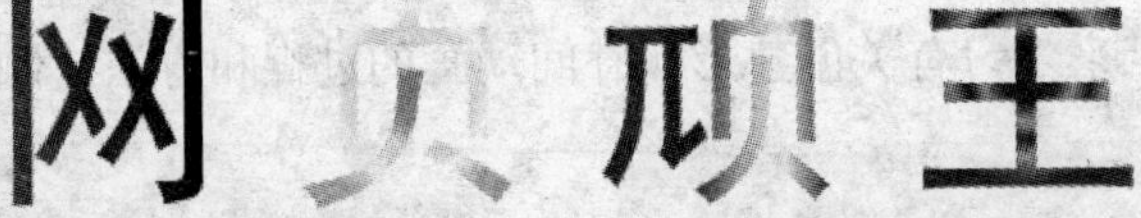

图9-38 给每个关键帧中的文本添加渐变色

8）选择"图层 1"中的所有帧，右击，在弹出的快捷菜单中选择"创建补间形状"命令，时间轴如图9-39所示。

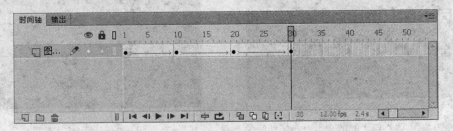

图9-39 添加形状补间后的时间轴

9）动画制作完毕。选择"控制"→"测试影片"命令（快捷键：〈Ctrl+Enter〉），在

Flash 播放器中预览动画效果。

说明：要使用文本来制作形状补间动画，必须先把文本分离到可编辑的状态。

9.2.3 添加形状提示

在 Flash 中的形状补间过程中，关键帧之间的变形过程是由 Flash 软件随机生成的。如果要控制几何图形的变化过程，可以给动画添加形状提示。

说明：形状提示是一个有颜色的实心小圆点，上面标识着小写的英文字母。当形状提示位于图形的内部时，显示为红色；当位于图形的边缘时，起始帧会显示为黄色，结束帧会显示为绿色。

下面通过一个简单的案例，来学习有关形状提示的制作过程和方法。具体制作步骤如下。

1）新建一个 Flash 文件。

2）选择工具箱中的文本工具，在"属性"面板中设置路径和填充样式。文本类型为"静态文本"，文本填充为"黑色"，字体为"Arial"，样式为"Black"，字体大小为"150"，如图 9-40 所示。

3）使用文本工具在舞台中输入数字"1"。

4）按〈F7〉键在时间轴的第 30 帧插入空白关键帧。

5）使用文本工具，在第 30 帧的舞台中输入数字"2"。

6）依次选择每个关键帧中的文本，然后选择"修改"→"分离"命令（快捷键：〈Ctrl+B〉），把文本分离成可编辑的网格状。

7）选择"图层 1"中的任意 1 帧，右击，在弹出的快捷菜单中选择"创建补间形状"命令，时间轴如图 9-41 所示。

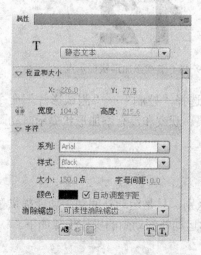

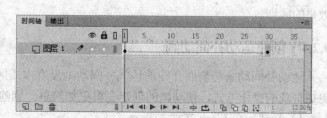

图 9-40　文本工具属性设置　　　　　图 9-41　添加形状补间后的时间轴

8）按〈Enter〉键，在当前编辑状态中预览动画效果。这时，Flash 软件会随机生成数字

1到2的变形过程，如图9-42所示。

9）选择第 1 帧，选择"修改"→"形状"→"添加形状提示"命令（快捷键：〈Ctrl+Shift+H〉），给动画添加形状提示。

10）这时，在舞台中的数字 1 上会增加一个红色的 a 点，同样在第 30 帧的数字 2 上也会生成同样的 a 点，如图9-43 所示。

图 9-42　Flash 动画随机生成的变形过程　　　　　　图 9-43　给动画添加形状提示

11）分别把数字1和数字2上的形状提示点 a 移动到相应的位置，如图9-44 所示。

12）可以给动画添加多个形状提示点，在这里继续添加形状提示点 b，并且移动到相应的位置，如图9-45 所示。

图 9-44　移动形状提示点的位置　　　　　　图 9-45　继续添加形状提示点

13）至此，使用形状提示的形状补间动画完成了。选择"控制"→"测试影片"命令（快捷键：〈Ctrl+Enter〉），在 Flash 播放器中预览动画效果。观察和没有添加形状提示时动画效果的区别。

9.2.4　创建运动补间动画

运动补间动画与前面介绍的传统补间动画没有本质区别，只是运动补间动画功能提供了更加直观的操作方式，使动画的创建变得更加简单。创建运动补间动画的操作步骤如下。

1）新建一个 Flash 文件。

2）选择"修改"→"文档"命令（快捷键：〈Ctrl+J〉），弹出"文档设置"对话框。

3）设置舞台的背景颜色为"绿色"，其他选项保持默认状态，如图 9-46 所示。设置完毕后，单击"确定"按钮。

4）在舞台中绘制背景效果，如图 9-47 所示。

图 9-46　设置舞台的背景颜色为"黑色"

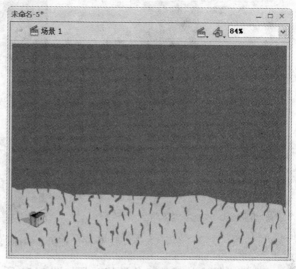

图 9-47　绘制背景

5）新建"图层 2"，从"库"面板中拖拽影片剪辑元件"鱼"到舞台中，并且放置到如图 9-48 所示的位置。

6）右击"图层 2"的第 1 帧，在弹出的快捷菜单中选择"创建补间动画"命令，这时 Flash 会自动生成一定数量的补间帧，如图 9-49 所示。

7）右击"图层 2"的第 5 帧，在弹出的快捷菜单中选择"插入关键帧"→"位置"命令，如图 9-50 所示。

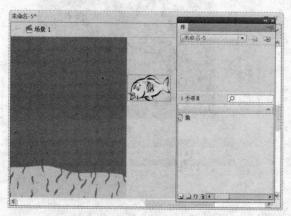

图 9-48　在舞台中放置元件

图 9-49　Flash 自动生成的补间帧

说明：可以通过右键菜单插入的关键帧在 Flash CC 中称之为"属性关键帧"，用户可以为这些属性关键帧设置相关的属性，详细设置也可以在动画编辑器中进行。对于一个属性关键帧，可以同时设置多种不同的属性。

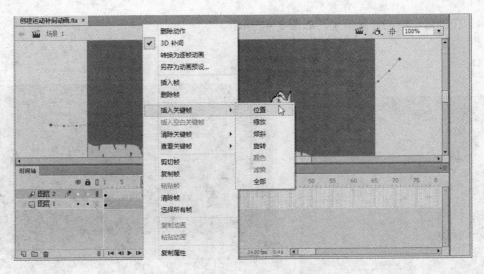

图 9-50　在第 5 帧插入关键帧

8）把第 5 帧中的元件"鱼"移动到如图 9-51 所示的位置。

9）除了在鼠标右键菜单中选择此外，也可以直接按〈F6〉键，在第 20 帧和第 30 帧中插入属性关键帧，并且依次调整位置，如图 9-52 所示。

这样鱼移动的效果就制作出来了，但是这时播放动画，会发现鱼是以直线的方式进行移动的，还需要把移动的路径更改为曲线。

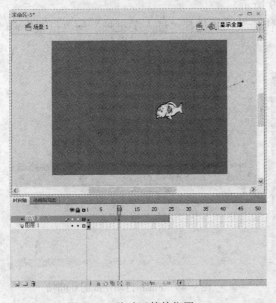

图 9-51　移动元件的位置

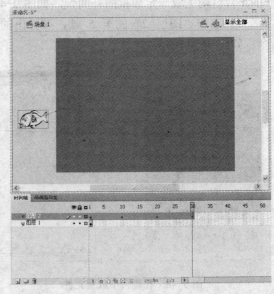

图 9-52　插入属性关键帧并且移动元件的位置

10）使用选择工具，把鼠标指针移动到补间动画生成的路径上，这时在其右下角会出现一个弧线的图标，按住鼠标左键不放，拖拽补间动画的路径，即可把直线调整为曲线，如图 9-53 所示。

11）可以修改任意关键帧来调整补间路径，如果需要精确调整，可以使用部分选取工具，调整路径上属性关键帧的控制手柄，调整的方法和调整路径点类似，如图 9-54 所示。

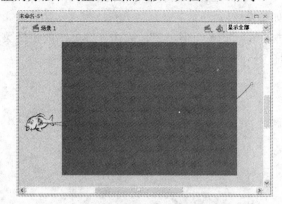

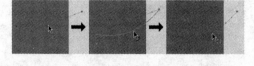

图 9-53　修改补间路径　　　　　　　　　　图 9-54　调整补间路径点

12）选择"图层 2"的第 30 帧，按〈F5〉插入帧。选择"控制"→"测试影片"命令（快捷键：〈Ctrl+Enter〉），在 Flash 播放器中预览动画效果。

9.3　引导线动画

在一些动画制作中，要对一些对象的移动轨迹进行控制，这时可以使用引导线动画来完成。虽然使用补间动画也可以制作对象按某一路径移动的效果，但是如果需要对路径进行精确控制，引导线动画是最好的选择。下面制作一个小白兔吃萝卜的动画，具体操作步骤如下。

1）新建一个 Flash 文件。

2）使用 Flash 的绘图工具，在"图层 1"中绘制动画的背景；在"图层 2"中绘制小白兔；在"图层 3"中绘制胡萝卜，如图 9-55 所示。

3）依次把这 3 个图形转换为图形元件，并在舞台中排列好位置。

4）在"图层 2"的第 20 帧按〈F6〉键，插入关键帧，并且创建补间动画，如图 9-56 所示。

图 9-55　在舞台中绘制动画的素材　　　　　图 9-56　插入关键帧，并且创建补间动画

5）分别在"图层 1""图层 2"和"图层 3"的第 30 帧按〈F5〉键，插入静态延长帧，如图 9-57 所示。

6）选择"图层 2"，右击，在弹出的快捷菜单中选择"添加传统运动引导层"命令，如图 9-58 所示。

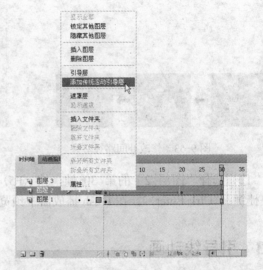

图 9-57　在所有图层的第 30 帧插入静态延长帧　　　图 9-58　在"图层 2"的上方创建运动引导层

7）使用 Flash 的绘图工具，在运动引导层中绘制曲线，如图 9-59 所示。

8）选择"图层 2"的第 1 帧，把小白兔的元件注册中心点对齐曲线的起始位置，如图 9-60 所示。

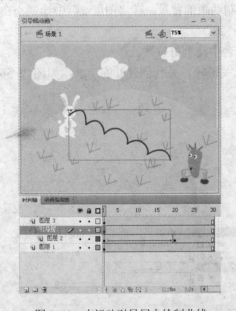

图 9-59　在运动引导层中绘制曲线　　　　　　图 9-60　把第 1 帧的小白兔对齐曲线起始点

9）选择"图层 2"的第 20 帧，把小白兔的元件注册中心点对齐曲线的结束位置，如图

9-61 所示,并在第 1 帧和第 20 帧之间创建补间动画。

10) 在 "图层 3" 的第 15 帧和第 25 帧按〈F6〉键,插入关键帧,并且创建运动补间动画,如图 9-62 所示。

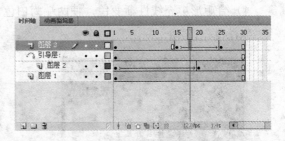

图 9-61　把第 20 帧的小白兔对齐曲线结束点　　　　图 9-62　"图层 3" 的时间轴

11) 选择第 25 帧中的胡萝卜,移动到舞台的右侧,如图 9-63 所示。

12) 动画制作完毕。选择 "控制" → "测试影片" 命令(快捷键:〈Ctrl+Enter〉),在 Flash 播放器中预览动画效果。

图 9-63　把 "图层 3" 第 25 帧中的胡萝卜移动到舞台的右侧

9.4　遮罩动画

遮罩是将某层作为遮罩层,遮罩层的下一层是被遮罩层,只有遮罩层中填充色块下的内容可见,色块本身是不可见的。遮罩的项目可以是填充的形状、文本对象、图形元件实例和影片剪辑元件。一个遮罩层下方可以包含多个被遮罩层,按钮不能用来制作遮罩。下面通过制作几个实例来学习遮罩动画。

9.4.1 遮罩层动画

位于遮罩层上方的图层称之为"遮罩层",用户可以给遮罩层制作动画,从而实现遮罩形状改变的动画效果。这里制作一个文本遮罩效果,具体操作步骤如下。

1)新建一个 Flash 文件。

2)选择工具箱中的矩形工具,在"图层 1"中绘制一个矩形。

3)选择"窗口"→"对齐"命令(快捷键:〈Ctrl+K〉),打开"对齐"面板,把矩形匹配舞台的尺寸,并且对齐舞台的中心位置,如图 9-64 所示。

4)给矩形填充线性渐变色,使两端为白色,中间为黑色,如图 9-65 所示。

图 9-64 使用对齐面板把矩形对齐到舞台中心

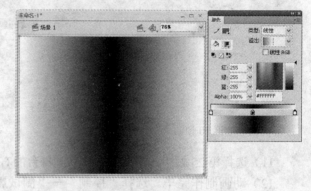
图 9-65 给矩形填充线性渐变色

5)选择工具箱中的填充变形工具,把矩形的渐变色由左右方向调整为上下方向,如图 9-66 所示。

6)单击时间轴中的"新建图层"按钮,创建"图层 2"。

7)使用工具箱的文本工具,在"图层 2"的第 1 帧中输入一段文本,并且把文本对齐到舞台的下方,如图 9-67 所示。

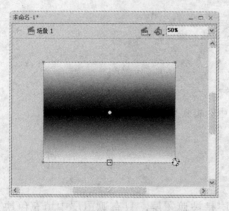
图 9-66 调整线性渐变方向

图 9-67 在舞台中添加文本

8)选择文本,按〈F8〉键,将其转换为图形元件。

9)在"图层 2"的第 30 帧按〈F6〉键,插入关键帧,并且创建补间动画。

10)在"图层 1"第 30 帧按〈F5〉键,插入静态延长帧。

11）把"图层 2"第 30 帧中的文本对齐到舞台的上方，并创建传统补间，如图 9-68 所示。

12）在"图层2"上右击，在弹出的快捷菜单中选择"遮罩层"命令，如图9-69所示。

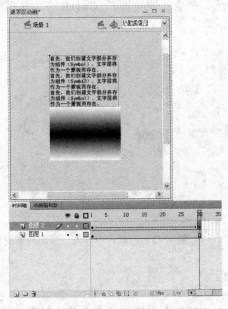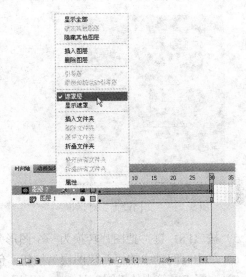

图 9-68　把第 30 帧中的文本对齐到舞台上方　　　图 9-69　选择"遮罩层"命令

13）动画制作完毕。选择"控制"→"测试影片"命令（快捷键：〈Ctrl+Enter〉），在 Flash 播放器中预览动画效果，如图 9-70 所示。

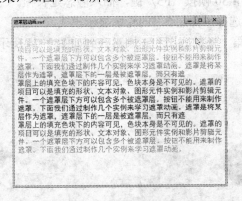

图 9-70　最终动画效果

说明：在这里，被遮罩层的渐变色最终显示在文本的形状内，遮罩层中的文本颜色不会显示。通过文本由下向上进行移动，实现逐步淡入淡出的效果。

9.4.2　被遮罩层动画

位于遮罩层下方的图层称之为"被遮罩层"，用户也可以给被遮罩层制作动画，从而实现遮罩内容改变的动画效果。这里制作一个旋转球体的效果，具体操作步骤如下。

1）新建一个 Flash 文件。

2）选择"修改"→"文档"命令（快捷键：〈Ctrl+J〉），弹出"文档设置"对话框。

3）设置舞台的背景颜色为"白色"，宽度为"200"像素，高度为"200"像素，其他选项保持默认状态，如图9-71所示。设置完毕后，单击"确定"按钮。

4）选择"文件"→"导入"→"导入到舞台"命令（快捷键：〈Ctrl+R〉），向当前的动画中导入图片素材，如图9-72所示。

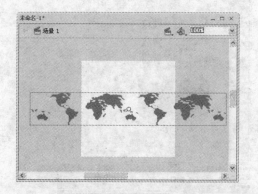

图9-71 "文档设置"对话框　　　　　　　　图9-72 向舞台中导入一张图片素材

5）按〈F8〉键，把图片转换为一个图形元件。

6）单击时间轴中的"新建图层"按钮，创建"图层2"。

7）选择工具箱中的椭圆工具，在"图层2"所对应的舞台中绘制一个没有边框的正圆。

8）给"图层2"中的正圆填充放射状渐变，如图9-73所示。

9）在"图层1"的第30帧按〈F6〉键，插入关键帧，并且创建补间动画。

10）在"图层2"的第30帧按〈F5〉键，插入静态延长帧。

11）为了便于对齐，选择"图层2"的轮廓显示模式。

12）把"图层1"中第1帧的底图和正圆对齐到如图9-74所示的位置。

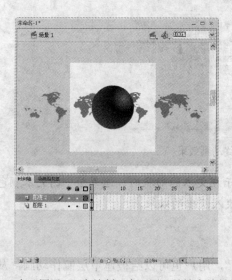

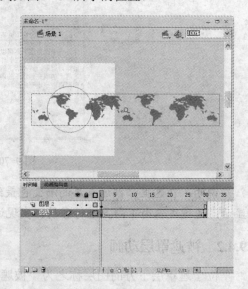

图9-73 在"图层2"中绘制一个正圆，并填充放射状渐变　　图9-74 把第1帧的底图和正圆对齐

13）把"图层 2"中第 30 帧的底图和正圆对齐到如图 9-75 所示的位置。

14）右击"图层 2"，在弹出的快捷菜单中选择"遮罩层"命令。

15）单击时间轴中的"新建图层"按钮，在"图层 2"的上方创建"图层 3"。

16）按〈Ctrl+L〉键，打开当前影片的"库"面板，把图形元件正圆拖拽到"图层 3"的舞台中。

17）使用"对齐"面板，把"图层 3"中的正圆对齐到舞台的中心位置，如图 9-76 所示。

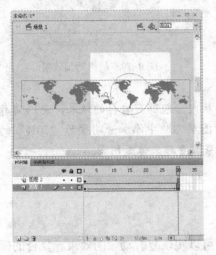
图 9-75　把第 30 帧的底图和正圆对齐

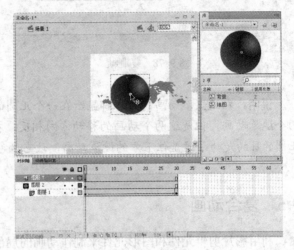
图 9-76　把库中的正圆拖拽到"图层 3"中

18）选择"图层 3"中的图形元件，在"属性"面板中设置样式为"Alpha"，透明度为"70%"，如图 9-77 所示。

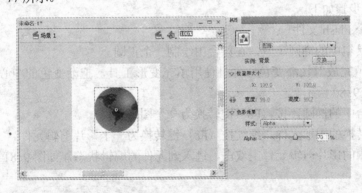
图 9-77　设置"图层 3"中正圆的透明度为"70%"

19）按〈Shift〉键，选择"图层 1"和"图层 2"中的所有帧，右击，在弹出的快捷菜单中选择"复制帧"命令。

20）单击时间轴中的"新建图层"按钮，在"图层 3"的上方创建"图层 4"。

21）右击"图层 4"的第 1 帧，在弹出的快捷菜单中选择"粘贴帧"命令，把"图层 1"和"图层 2"中的所有内容粘贴到"图层 4"中，如图 9-78 所示。

22）选择"图层 5"中的所有帧，右击，在弹出的快捷菜单中选择"翻转帧"命令。

23）动画制作完毕。选择"控制"→"测试影片"命令（快捷键：〈Ctrl+Enter〉），在 Flash 播放器中预览动画效果，如图 9-79 所示。

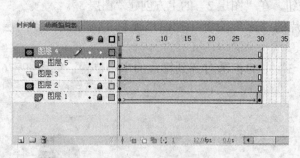

图 9-78　复制帧

图 9-79　最终动画效果

说明：在这里，动画的内容都显示在一个正圆的形状内，能够有自转的效果，是因为有两个遮罩动画，但是这两个动画的移动方向相反。在"图层 3"中添加透明度为"70%"的正圆的目的是为了遮盖住下方的遮罩动画，让它颜色加深，看起来像是阴影。

9.5　复合动画

利用影片剪辑元件和图形元件来制作动画的局部，可以实现复合动画的效果。复合的概念很简单，就是在元件的内部有一个动画效果，然后把这个元件拿到场景里再制作另一个动画效果，在预览动画的时候两种效果可以重叠在一起。

掌握复合动画的制作技巧，可以轻松地制作复杂的动画效果。下面制作一个跳动的小球动画，具体操作步骤如下。

1）新建一个 Flash 文件。

2）选择工具箱中的椭圆工具，在舞台中绘制一个正圆。

3）给正圆填充放射状渐变色，并且使用填充变形工具，把渐变色的中心点调整到椭圆的左上角，如图 9-80 所示。

4）选择舞台中的椭圆，按〈F8〉键转换为一个图形元件。

5）选择所转换的图形元件，继续按〈F8〉键转换为一个影片剪辑元件。

6）在舞台中的影片剪辑元件上双击，进入到元件的编辑状态，如图 9-81 所示。

图 9-80　调整小球的渐变色

图 9-81　进入到影片剪辑元件的编辑状态

7）分别在"图层 1"的第 15 帧和第 30 帧按〈F6〉键，插入关键帧，并且创建补间动画。

8）把第 15 帧中的小球垂直往下移动，如图 9-82 所示。

9）选择"图层 1"的第 1 帧，在"属性"面板中设置"缓动"为"-100"；选择第 15 帧，设置"缓动"为 100。

10）单击时间轴中的"新建图层"按钮，创建"图层 2"。

11）使用选择工具把"图层 2"拖拽到"图层 1"的下方。

12）选择工具箱中的椭圆工具，在舞台中绘制一个椭圆，并填充为深灰色，用来制作小球的阴影。

13）选择"图层 2"中的椭圆，按〈F8〉键转换为一个图形元件。

14）把椭圆和第 15 帧中的小球对齐，如图 9-83 所示。

15）分别在"图层 2"的第 15 帧和第 30 帧按〈F6〉键，插入关键帧，并且创建补间动画。

16）把"图层 2"第 1 帧和第 30 帧中的椭圆适当缩小。

17）选择"图层 2"的第 1 帧，在"属性"面板中设置"缓动"为"-100"；选择第 15 帧，设置"缓动"为 100。

18）单击时间轴左上角的"场景 1"按钮，返回场景的编辑状态。

19）把场景中的影片剪辑元件对齐到舞台的左侧。

20）在"图层 1"的第 30 帧按〈F6〉键，插入关键帧，并且创建补间动画，如图 9-84 所示。

21）把场景中第 30 帧中的影片剪辑元件移动到舞台的右侧。

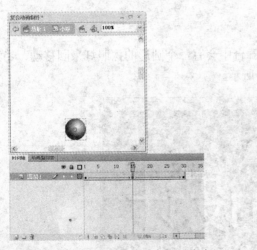

图 9-82　把第 15 帧中的小球垂直往下移动

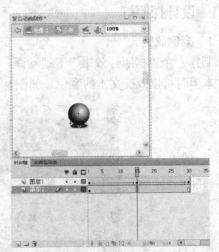

图 9-83　把椭圆和小球对齐

22）动画制作完毕，选择"控制"→"测试影片"命令（快捷键：〈Ctrl+Enter〉），在 Flash 播放器中预览动画效果，如图 9-85 所示。

说明：这时小球只会弹跳一次，如果需要让小球弹跳多次，可以把场景中的帧数延长为影片剪辑元件帧数的整数倍即可。

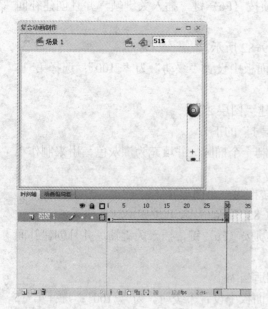

图 9-84 在场景中给影片剪辑元件制作动画

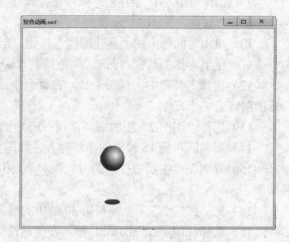

图 9-85 预览动画效果

9.6 案例实战

本节通过两个实例说明 Flash CC 中动画制作的方法和步骤。

9.6.1 设计探照灯

1. 案例欣赏

制作一个"探照灯效果"卡通动画，在舞台中会有一个圆形的探照灯来回移动，当移动到文本上时可以改变文本的颜色，如图 9-86 所示。

图 9-86 探照灯动画效果

2. 思路分析

本例是通过制作遮罩层动画来实现探照灯效果。文本的颜色不同是因为文本有两个不同的图层，每个图层中文本的颜色效果不一样。

3. 实现步骤

1）新建一个 Flash 文件。

2）选择工具箱中的矩形工具，在"图层 1"中绘制一个矩形。

3）选择"窗口"→"对齐"命令（快捷键：〈Ctrl+K〉），打开"对齐"面板，将矩形匹配舞台的尺寸，并且对齐舞台的中心位置，如图 9-87 所示。

4）给矩形填充由浅灰到深灰的线性渐变色，如图 9-88 所示。

图 9-87　使用对齐面板把矩形对齐到舞台中心

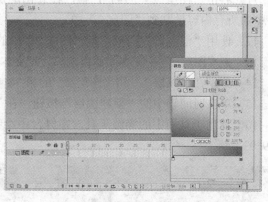

图 9-88　给矩形填充线性渐变色

5）选择工具箱中的渐变变形工具，把矩形的渐变色由左右方向调整为上下方向，如图 9-89 所示。

6）选择工具箱中的文本工具，在舞台中输入文本"动画设计 Flash Professional CC"。

7）在"属性"面板中设置文本的填充颜色为"灰色"，如图 9-90 所示。

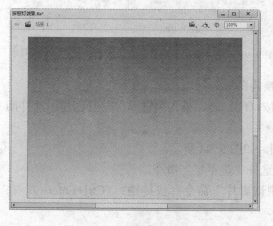

图 9-89　调整线性渐变方向

图 9-90　调整文本颜色

8）打开"滤镜"面板，给文本添加投影滤镜，滤镜设置保持默认即可，效果如图 9-91 所示。

图 9-91　给文本添加投影滤镜

9）单击时间轴中的"新建图层"按钮，创建"图层 2"。

10）右击"图层 1"中的第 1 帧，在弹出的快捷菜单中选择"复制帧"命令。

11）右击"图层 2"的第 1 帧，在弹出的快捷菜单中选择"粘贴帧"命令，把"图层 1"中的所有内容粘贴到"图层 2"中。

12）使用"混色器"面板，把"图层 2"中的矩形颜色更改为较浅的灰色渐变。

13）把"图层 2"中文本的滤镜删除，把文本的颜色填充为"白色"，如图 9-92 所示。

14）分别在"图层 1"和"图层 2"的第 30 帧按〈F5〉键，插入静态延长帧。

15）单击时间轴中的"新建图层"按钮，在"图层 2"的上方创建"图层 3"。

16）使用工具箱中的椭圆工具，在舞台中绘制一个正圆，并且对齐到舞台的最左侧，如图 9-93 所示。

图 9-92　调整"图层 2"中矩形和文本的颜色

图 9-93　在"图层 3"所对应的舞台中绘制一个正圆

17）选择舞台中的正圆，按〈F8〉键，转换为图形元件。

18）在"图层 3"的第 15 帧和第 30 帧按〈F6〉键，插入关键帧，并且创建运动补间动画。

19）把第 15 帧的正圆移动到舞台的最右侧，如图 9-94 所示。

20）右击"图层 3"，在弹出的快捷菜单中选择"遮罩层"命令。

21）动画制作完毕。选择"控制"→"测试影片"命令（快捷键：〈Ctrl+Enter〉），在 Flash 播放器中预览动画效果，如图 9-86 所示。

4．操作技巧

1）使用"复制帧"命令可以快速复制关键帧中的内容。

图 9-94　调整第 15 帧的正圆位置

2）文本有两个图层，而且两个图层中的文本效果不一样，遮罩只遮上方的图层。

9.6.2　设计 3D 环绕运动

1. 案例欣赏

制作一个 3D 环绕运动动画，在舞台中会有 3 个小球围绕椭圆转动，如图 9-95 所示。

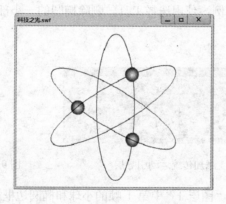

图 9-95　3D 环绕运动动画效果

2. 思路分析

本例通过制作引导线动画来实现小球围绕椭圆移动的效果。动画中的 3 个小球移动的效果相同，可以把动画制作在影片剪辑元件中，以便反复调用。

3. 实现步骤

1）新建一个 Flash 文件。

2）选择工具箱中的椭圆工具，在舞台中绘制一个正圆。

3）给正圆填充放射状渐变色，并且使用填充变形工具，把渐变色的中心点调整到椭圆的左上角，如图 9-96 所示。

4）选择舞台中的椭圆，按〈F8〉键转换为一个图形元件。

5）选择所转换的图形元件，继续按〈F8〉键转换为一个影片剪辑元件。

6）在舞台中的影片剪辑元件上双击，进入到元件的编辑状态，如图9-97所示。

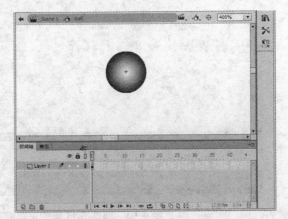

图9-96　调整小球的渐变色　　　　　　　　图9-97　进入到影片剪辑元件的编辑状态

7）在"图层1"的第30帧按〈F6〉键，插入关键帧，并且创建补间动画。

8）单击时间轴中的"添加传统运动引导层"按钮，添加传统运动引导层，如图9-98所示。

9）使用椭圆工具，在运动引导层中绘制一个只有边框，没有填充色的椭圆。

10）放大视图的显示比例，使用选择工具，删除椭圆的一小部分，如图9-99所示。

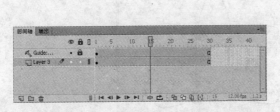

图9-98　添加传统运动引导层　　　　　　　图9-99　删除椭圆的一小部分

11）使用选择工具，把"图层1"中第1帧的小球和椭圆边框的上缺口对齐，如图9-100所示。

12）使用选择工具，把"图层1"中第30帧的小球和椭圆边框的下缺口对齐，如图9-101所示。

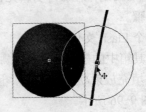

图9-100　把小球对齐到椭圆边框的上缺口　　　图9-101　把小球对齐到椭圆边框的下缺口

13）单击时间轴中的"新建图层"按钮，在运动引导层的上方创建"图层3"。

14）在"图层 3"中绘制一个和引导层中同样尺寸的椭圆边框，并对齐到相同的位置，如图 9-102 所示。

15）单击时间轴左上角的"场景 1"按钮，返回场景的编辑状态。

16）选择"窗口"→"变形"命令（快捷键：〈Ctrl+T〉），打开"变形"面板。

17）选择舞台中的影片剪辑元件，在"变形"面板中的"旋转"文本框中输入"120"，然后单击"重制选区和变形"按钮。

18）选择舞台中的影片剪辑元件，在"变形"面板中的"旋转"文本框中输入"-120"，然后单击"重制选区和变形"按钮，如图 9-103 所示。

19）动画制作完毕。选择"控制"→"测试影片"命令（快捷键：〈Ctrl+Enter〉），在 Flash 播放器中预览动画效果，如图 9-95 所示。

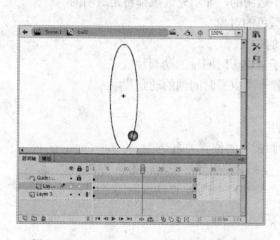

图 9-102　在"图层 3"中继续绘制一个椭圆

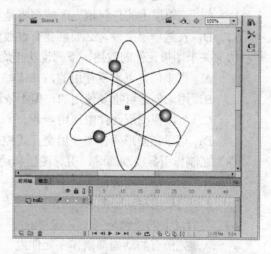

图 9-103　对场景中的影片剪辑元件复制并旋转

4．操作技巧

1）同样的动画效果可以制作在影片剪辑元件中，以便重复调用。

2）在制作引导层动画的时候，引导层中的路径一般都是不闭合的。

3）最终预览动画，引导层是不可见的，所以必须新建一个普通的图层来绘制一个同样的椭圆边框。

9.7　习题

1．选择题

（1）对于创建逐帧动画，说法正确的是（　　）。

　　A．不需要将每一帧都定义为关键帧

　　B．在初始状态下，每一个关键帧都应该包含和前一关键帧相同的内容

　　C．逐帧动画一般不应用于复杂的动画制作

　　D．以上说法都错误

（2）（　　）不能用来制作运动补间。

A．图形元件　　　B．影片剪辑元件　　　C．按钮元件　　　D．分离后的对象

（3）使用运动补间不能实现的效果是（　　　）。

A．改变大小　　　B．改变位置　　　C．改变渐变色　　　D．改变单色

（4）（　　　）可以用来制作补间形状。

A．图形元件　　　B．影片剪辑元件　　　C．按钮元件　　　D．分离后的对象

（5）要制作文本变形的动画效果，必须对文本进行（　　　）操作。

A．复制　　　B．组合　　　C．分离　　　D．投影

（6）关于遮罩，下列说法错误的是（　　　）。

A．通过遮罩层的小孔来显示内容的层在遮罩层的下面

B．对于遮罩层上的位图图像、过渡颜色和线条样式等，Flash 都将忽略

C．遮罩层上的任何填充区域都将是不透明的，非填充区域都将是透明的

D．在遮罩层上没有必要创建有过渡颜色的对象

（7）关于图形元件的叙述，下列说法正确的是（　　　）。

A．用来创建可重复使用的，并依赖于主电影时间轴的动画片段

B．用来创建可重复使用的，但不依赖于主电影时间轴的动画片段

C．可以在图形元件中使用声音

D．可以在图形元件中使用交互式控件

（8）在制作引导线动画时，引导图层和动画图层的位置关系是（　　　）。

A．引导层在动画图层之下　　　　　B．引导层在动画图层之中

C．引导层在动画图层之上　　　　　D．引导层在动画图层之后

（9）复合动画的概念是（　　　）。

A．把所有的动画都制作在元件内

B．直接拿图形元件创建动画

C．把影片剪辑元件拿到场景中创建动画

D．在元件内制作动画，然后把元件拿到场景中继续创建动画

（10）下面说法错误的是（　　　）。

A．遮罩层可以制作动画

B．被遮罩层可以制作动画

C．遮罩层在被遮罩层的上方

D．遮罩层在被遮罩层的下方

2．操作题

（1）制作一个简单的逐帧动画。

（2）使用运动补间制作一个跳动的小球动画。

（3）使用补间形状制作自己姓名的文本变形动画。

（4）在文本变形动画的基础上添加形状提示，控制变形过程。

（5）制作一个简单的引导层动画。

（6）制作一个简单的遮罩层动画。

（7）制作一个简单的被遮罩层动画。

（8）制作一个简单的复合动画。

第 10 章　Flash CC 声音编辑

Flash CC 提供了许多使用声音的方式，可以使声音独立于时间轴连续播放，或使动画和一个音轨同步播放。给按钮元件添加声音可以使按钮具有更好的交互效果，通过声音的淡入淡出还可以使声音更加自然。

本章要点

- 了解 Flash CC 中的声音
- 在 Flash 中添加声音
- 编辑声音
- 设置声音属性

10.1　添加声音

Flash CC 支持最主流的声音文件格式，用户可以根据动画的需要添加任意的声音文件。在 Flash 中，声音可以添加到时间轴的帧上，或者按钮元件的内部。

10.1.1　Flash 中的声音文件

用户可以将下列的声音格式导入到 Flash CC 中。

- WAV（仅限 Windows）。
- AIFF（仅限 Macintosh）。
- MP3（Windows 或 Macintosh）。

如果系统安装了 QuickTime 4 或更高版本，则还可以导入以下声音格式。

- AIFF（Windows 或 Macintosh）。
- Sound Designer II（仅限 Macintosh）。
- 只有声音的 QuickTime 影片（Windows 或 Macintosh）。
- Sun AU（Windows 或 Macintosh）。
- System 7 声音（仅限 Macintosh）。
- WAV（Windows 或 Macintosh）。

当用户需要把某个声音文件导入到 Flash 中时，可以按下面的操作步骤来完成。

1）选择"文件"→"导入"→"导入到舞台"命令（快捷键：〈Ctrl+R〉），弹出"导入"对话框，如图 10-1 所示。

2）选择需要导入的声音文件，然后单击"打开"按钮。

3）导入的声音文件会自动出现在当前影片的"库"面板中，如图 10-2 所示。

4）在"库"面板的预览窗口中，如果显示的是一条波形，则导入的是单声道的声音文件，如图 10-2 所示；如果显示的是两条波形，则导入的是双声道的声音文件，如图 10-3 所示。

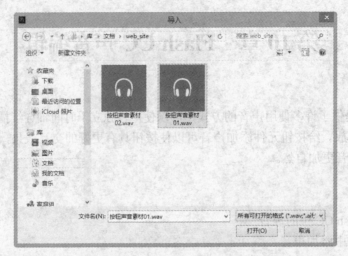

图 10-1　选择要导入的声音文件

图 10-2　单声道声音文件

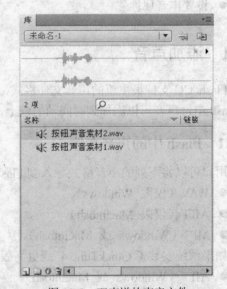

图 10-3　双声道的声音文件

10.1.2　为关键帧添加声音

为了给 Flash 动画添加声音，可以把声音添加到影片的时间轴上。用户通常要建立一个新的图层来放置声音，在一个影片文件中可以有任意数量的声音图层，Flash 会对这些声音进行混合。但是太多的图层会增加影片文件的大小，而且太多的图层也会影响动画的播放速度。下面通过一个简单的实例，来说明如何将声音添加到关键帧上，具体操作步骤如下。

1）新建一个 Flash 文件。

2）从外部导入一个声音文件。

3）单击时间轴中的"新建图层"按钮，创建"图层 2"。

4）选择"窗口"→"库"命令（快捷键：〈Ctrl+L〉），打开"库"面板。

5）把〈库〉面板中的声音文件拖拽到"图层2"所对应的舞台中。

提示： 声音文件只能拖拽到舞台中，不能拖拽到图层上。

6）这时在时间轴上会出现声音的波形，但是却只有一帧，所以看不见，如图10-4所示。

7）要将声音的波形显示出来，在"图层 2"靠后的任意一帧插入一个静态延长帧即可，如图10-5所示。

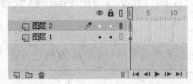

图 10-4　添加声音后的时间轴

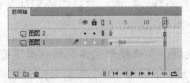

图 10-5　在时间轴中显示声音的波形

8）如果要使声音和动画播放的时间相同，则需要计算声音总帧数，用声音文件的总时间（单位秒）×12 即可得出声音文件的总帧数。

说明： 声音文件只能够添加到时间轴的关键帧上，和动画一样，也可以设置不同的起始帧数。

10.1.3　为按钮添加声音

在 Flash CC 中，可以很方便地为按钮元件添加声音效果，从而增强交互性。按钮元件的 4 种状态都可以添加声音，即可以在"指针经过""按下""弹起"和"点击帧"中设置不同的声音效果。下面通过一个简单的实例来说明如何给按钮元件添加声音，具体操作步骤如下。

1）新建一个 Flash 文件。

2）从外部导入一个声音文件。

3）选择舞台中需要添加声音的按钮元件，双击进入到按钮元件的编辑状态，如图 10-6 所示。

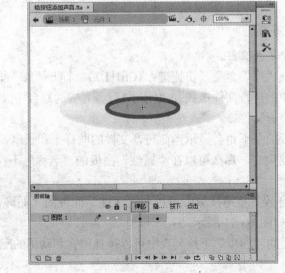

图 10-6　进入到按钮元件的编辑窗口

4）单击时间轴中的"新建图层"按钮，创建"图层2"。

5）选择时间轴中的"按下"状态，按〈F7〉键，插入空白关键帧，如图10-7所示。

6）选择"窗口"→"库"命令（快捷键：〈Ctrl+L〉），打开"库"面板。

7）把"库"面板中的声音文件拖拽到图层2"按下"状态所对应的舞台中，如图10-8所示。

8）单击时间轴左上角的"场景1"按钮，返回场景的编辑状态。

9）选择"控制"→"测试影片"命令（快捷键：〈Ctrl+Enter〉），在Flash播放器中预览动画效果。

说明：要让按钮在不同的状态下有声音效果，直接把声音添加到相应的状态中即可。

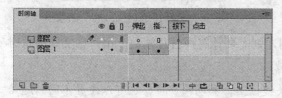 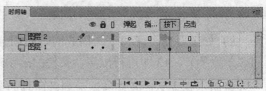

图10-7　在"按下"状态插入空白关键帧　　　　图10-8　在"按下"状态添加声音

10.2　编辑声音效果

Flash最主要的作用不是处理声音，所以并不具备专业的声音编辑软件功能。但是如果仅仅是为了给动画配音，那么Flash CC还是完全可以胜任的。在Flash CC中，可以通过"属性"面板来完成声音的设置。

10.2.1　在"属性"面板中编辑声音

下面通过一个简单的实例来说明如何在"属性"面板中编辑声音，具体操作步骤如下。

1）新建一个Flash文件。

2）从外部导入一个声音文件。

3）选择"窗口"→"库"命令（快捷键：〈Ctrl+L〉），打开"库"面板。

4）把"库"面板中的声音文件拖拽到"图层1"所对应的舞台中。

5）选择图层中的声音文件。

6）在"属性"面板的左下角会显示当前声音文件的取样率和长度，如图10-9所示。

7）如果这时不需要声音，那么可以在"属性"面板的"名称"下拉列表中选择"无"，如图10-10所示。

8）如果需要把短音效重复地播放，可以在"属性"面板的"循环次数"文本框中输入需要重复的次数即可，如图10-11所示。

9）在"属性"面板的"同步"下拉列表中可以选择声音和动画的配合方式，如图10-12所示。

图 10-9　声音的"属性"面板

图 10-10　删除声音的操作

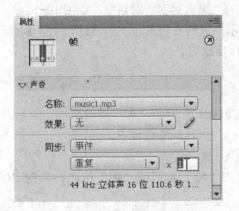

图 10-11　设置声音的循环次数

图 10-12　声音的同步模式

- 事件：该选项会将声音和一个事件的发生过程同步起来。事件声音在它的起始关键帧开始显示时播放，并独立于时间轴播放完整个声音，即使 Flash 文件停止也继续播放。当播放发布的 Flash 文件时，事件声音会混合在一起。

- 开始：该选项与"事件"选项的功能相似，但如果声音正在播放，使用"开始"选项则不会播放新的声音实例。

- 停止：即停止声音的播放。

- 数据流：该选项将同步声音，以便在网络上同步播放。所谓的"流"，简单来说就是一边下载一边播放，下载了多少就播放多少。但是它也有一个弊端，就是如果动画下载进度比声音快，没有播放的声音就会直接跳过，接着播放当前帧中的声音。

10）在"属性"面板的"效果"下拉列表中选择声音的各种变化效果，如图 10-13 所示。

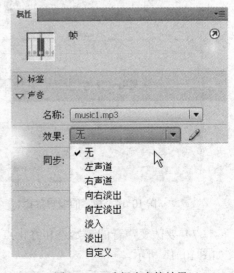

图 10-13　选择声音的效果

- 无：不对声音文件应用效果，选择此选项可以删除以前应用过的效果。
- 左声道/右声道：只在左或右声道中播放声音。
- 向左淡出/向右淡出：将声音从一个声道切换到另一个声道。
- 淡入：在声音的持续时间内逐渐增加音量。
- 淡出：在声音的持续时间内逐渐减小音量。
- 自定义：可以通过使用"编辑封套"创建自己的声音淡入和淡出效果。

11）声音编辑完毕，选择"控制"→"测试影片"命令（快捷键：〈Ctrl+Enter〉），在 Flash 播放器中预览动画声音效果。

10.2.2　在"编辑封套"对话框中编辑声音

如果对 Flash 中所提供的默认声音效果不满意，可以单击"属性"面板中的"编辑"按钮自定义声音效果。这时，Flash CC 会打开声音的"编辑封套"对话框，如图 10-14 所示。其中，上方区域表示声音的左声道，下方区域表示声音的右声道。下面通过一个简单的实例来说明如何在"属性"面板中编辑声音，具体操作步骤如下。

1）新建一个 Flash 文件。

2）从外部导入一个声音文件。

3）选择"窗口"→"库"命令（快捷键：〈Ctrl+L〉），打开"库"面板。

4）把"库"面板中的声音文件拖拽到"图层 1"所对应的舞台中。

5）打开"编辑封套"对话框，如图 10-14 所示。

6）要在秒和帧之间切换时间单位，可以单击"秒"按钮或"帧"按钮，如图 10-15 所示。

图 10-14　声音的编辑封套

图 10-15　切换时间单位

7）要改变声音的起始点和终止点，可以单击"效果"下拉列表，从中选择一种效果，如图 10-16 所示。

8）可以拖拽封套手柄来改变声音中不同点处的音量，封套线显示声音播放时的音量。

9）单击封套线可以创建其他封套手柄（最多可以创建 8 个）。要删除封套手柄，直接将其拖拽到窗口外即可，如图 10-17 所示。

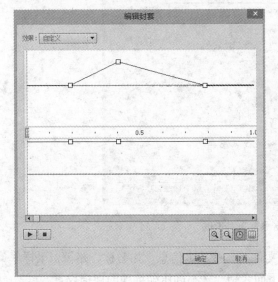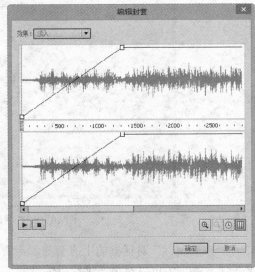

图 10-16　改变声音的起始点和终止点　　　　　　图 10-17　更改声音封套

10）声音编辑完毕，选择"控制"→"测试影片"命令（快捷键：〈Ctrl+Enter〉），在 Flash 播放器中预览动画声音效果。

10.3　压缩声音

在输出影片时，对声音设置不同的取样率和压缩比，对影片中声音播放的质量和大小影响很大，压缩比越大、取样率越低，影片中声音所占的空间就越小、回放质量就越差，因此，在实际的输出过程中，应该兼顾这两方面。

通过选择压缩选项可以控制导出影片文件中的声音品质和大小。使用"声音属性"对话框可以为单个声音选择压缩选项，而在文档的"发布设置"对话框中可以定义所有声音的设置。下面主要介绍使用"声音属性"对话框对声音进行压缩。

10.3.1　使用"声音属性"对话框

在 Flash CC 中有很多种方法都可以打开"声音属性"对话框，操作步骤如下。

1）双击"库"面板中的声音按钮。

2）右击"库"面板中的声音文件，然后在弹出的快捷菜单中选择"属性"命令。

3）在"库"面板中选择一个声音，然后在面板右上角的选项菜单中选择"属性"命令。

4）在"库"面板中选择一个声音，然后单击"库"面板底部的属性按钮。

当执行上述任何一个操作后，都可以弹出如图 10-18 所示的"声音属性"对话框。

图 10-18 "声音属性" 对话框

在"声音属性"对话框的上方会显示声音文件的一些基本信息，如名称、路径、采样率和长度等，在下方可以对声音进行压缩设置。下面介绍一些不同压缩选项的详细设置。

10.3.2 使用 ADPCM 压缩选项

ADPCM 压缩选项用于设置 8 位或 16 位声音数据的压缩设置。当导出短事件声音时，可以使用 ADPCM 设置。使用 ADPCM 压缩声音的操作步骤如下。

1）在"声音属性"对话框中，从"压缩"下拉列表框中选择"ADPCM"，如图 10-19 所示。

图 10-19 使用"ADPCM"压缩选项

2）选择"将立体声转换为单声道"复选框，会将混合立体声转换为单声（非立体声）。

3）选择"采样率"下拉列表框中的一个选项，可以控制声音的保真度和文件大小。较低的采样比率可以减少文件大小，但也会降低声音品质。

- 对于语音来说，5 kHz 是可接受的最低标准。
- 对于音乐短片，11 kHz 是最低的建议声音品质，是标准 CD 比率的 1/4。
- 22 kHz 是 Web 回放的常用选择，是标准 CD 比率的 1/2。
- 44 kHz 是标准的 CD 音频比率。

10.3.3 使用 MP3 压缩选项

通过"MP3"压缩选项可以用 MP3 压缩格式导出声音。当导出较长的音频流时，可以使用"MP3"选项。使用"MP3"压缩声音的操作步骤如下。

1）在如图 10-20 所示的"声音属性"对话框中，从"压缩"下拉列表框中选择"MP3"。

图 10-20 使用"MP3"压缩选项

2）选择"使用导入的 MP3 品质"复选框（默认设置），可以使用和导入时相同的设置来导出文件。如果取消选择此复选框，则可以选择其他 MP3 压缩设置。

3）选择"将立体声转换为单声道"复选框，会将混合立体声转换为单声（非立体声）。

提示： 该复选框只有在选择的比特率为 20 kbps（kbps=kbit/s）或更高时才可用。

4）选择"比特率"下拉列表选项，以确定导出的声音文件中每秒播放的位数。Flash 支持 8～160 kbps CBR（恒定比特率）的位数。当导出音乐时，需要将比特率设为 16 kbps 或更高，以获得最佳效果。

5）选择一个"品质"选项，以确定压缩速度和声音品质。
- 快速：压缩速度较快，但声音品质较低。
- 中：压缩速度较慢，但声音品质较高。
- 最佳：压缩速度最慢，但声音品质最高。

10.3.4 使用 Raw 压缩选项

选择"Raw"压缩选项在导出声音时不进行压缩。使用原始压缩的操作步骤如下。

1）在"声音属性"对话框中，从"压缩"下拉列表框中选择"Raw"，如图 10-21 所示。

图 10-21　使用"Raw"压缩选项

2）选择"将立体声转换为单声道"复选框，会将混合立体声转换为单声（非立体声）。

3）选择"采样率"下拉列表框中的一个选项，可以控制声音的保真度和文件大小。较低的采样比率可以减少文件大小，但也降低声音品质。其具体选项和"ADPCM"的压缩选项相同，这里就不再赘述。

10.3.5　使用"语音"压缩选项

"语音"压缩选项使用一个特别适合于语音的压缩方式导出声音。使用语音压缩的操作步骤如下。

1）在"声音属性"对话框中，从"压缩"下拉列表框中选择"语音"，如图 10-22 所示。

图 10-22　使用"语音"压缩选项

2）选择"将立体声转换为单声道"复选框，会将混合立体声转换为单声（非立体声）。

3）选择"采样率"下拉列表框中的一个选项，可以控制声音的保真度和文件大小。较低的采样比率可以减少文件大小，但也降低声音品质。其具体选项与 ADPCM 的压缩选项相同，这里就不再赘述。

10.4 习题

1. 选择题

（1）Flash CC 不支持的声音格式是（　　）。

　　A．AU　　　　　　B．MP3　　　　　　C．WAV　　　　　D．MID

（2）当鼠标滑过按钮时出现声音，声音是添加到按钮的（　　）状态中的。

　　A．弹起　　　　　　B．指针经过　　　　C．按下　　　　　D．点击

（3）（　　）声音同步表示声音一边下载一边播放，下载了多少就播放多少。

　　A．事件　　　　　　B．开始　　　　　　C．停止　　　　　D．数据流

（4）在"编辑封套"对话框中不可以编辑声音的（　　）。

　　A．声道　　　　　　B．长度　　　　　　C．混声特效　　　D．音量

（5）当导出像乐曲这样较长的音频流时，可以的压缩选项是（　　）。

　　A．ADPCM　　　　B．MP3　　　　　　C．Raw　　　　　D．语音

2. 操作题

（1）试着把各种声音文件导入到 Flash CC 中。

（2）在 Flash 中编辑声音的效果。

（3）对声音进行各种压缩设置，并对比效果。

第 11 章　Flash CC 动画脚本设计

ActionScript 是 Flash CC 的脚本语言，它是一种面向对象的编程语言。Flash 使用 ActionScript 给动画添加交互性。在简单动画中，Flash 按顺序播放动画中的场景和帧，而在交互动画中，用户可以使用键盘或鼠标与动画交互。例如，可以单击动画中的按钮，然后跳转到动画的不同部分继续播放；可以移动动画中的对象；可以在表单中输入信息等。使用 ActionScript 可以控制 Flash 动画中的对象，创建导航元素和交互元素，扩展 Flash 创作交互动画和网络应用的能力。

本章要点
- ActionScript 基础
- "动作"面板的使用
- 添加函数的方法
- ActionScript 基本函数的应用
- 行为的使用

11.1　ActionScript 简介

随着 Flash 版本的不断更新，ActionScript 也在发生着重大的变化，从最初 Flash 4 中所包含的十几个基本函数，提供对影片的简单控制，到现在 Flash CC 中的面向对象的编程语言，并且可以使用 ActionScript 来开发应用程序，这意味着 Flash 平台的重大变革。

11.1.1　Flash CC 中的 ActionScript

Flash CC 中包含多个 ActionScript 版本，以满足实际需要。

（1）ActionScript 3.0

ActionScript 3.0 的执行速度极快。与其他 ActionScript 版本相比，此版本要求开发人员对面向对象的编程概念有更深入的了解。ActionScript 3.0 完全符合 ECMAScript（编写脚本的国际标准化语言）规范，提供了更出色的 XML 处理以及改进的事件模型和用于处理屏幕元素改进的体系结构。使用 ActionScript 3.0 的 FLA 文件不能包含 ActionScript 的早期版本。

（2）ActionScript 2.0

ActionScript 2.0 比 ActionScript 3.0 更容易学习。尽管 Flash Player 运行编译后的 ActionScript 2.0 代码比运行编译后的 ActionScript 3.0 代码速度慢，但 ActionScript 2.0 对于许多计算量不大的项目仍然十分有用，更面向设计的内容。 ActionScript 2.0 也基于 ECMAScript 规范，但并不完全遵循该规范。

（3）ActionScript 1.0

ActionScript 1.0 是最简单的 ActionScript，仍为 Flash Lite Player 的一些版本所使用。ActionScript 1.0 和 Action Script2.0 可共存于同一个 FLA 文件中。

当启动了 Flash CC 后，在默认的欢迎界面中即可选择创建何种 ActionScript 版本的 Flash 影片，但是不再支持 ActionScript 1.0 和 ActionScript 2.0，如图 11-1 所示。

图 11-1　Flash CC 的欢迎界面

11.1.2　ActionScript 3.0

在 Flash 动画中使用 ActionScript，最早被用来制作动画控制按钮或者简单的网页应用功能，如网页导航或者欢迎动画等。发展到现在，已经可以使用 ActionScript 来开发基于互联网的应用程序了。结合 ActionScript，Flash 不仅仅是一个动画制作工具，更成为了一个应用程序的开发工具。在 Flash CC 中，ActionScript 进行了大量的更新，所包含的最新版本称为 ActionScript 3.0，ActionScript 3.0 和早期的 ActionScript 2.0 比较起来发生了较大的变化。

ActionScript 3.0 提供了一种强大的、面向对象的编程语言，这是 Flash Player 功能发展过程中重要的一步。该语言的设计目的是，在可重用代码的基础上构建丰富的 Internet 应用程序。ActionScript 3.0 基于 ECMAScript，它符合 ECMAScript Language Specification 第 3 版语言规范。早期的 ActionScript 版本已经具备了参与在线体验的功能。ActionScript 3.0 将促进和发展这种功能，提供先进的应用，并且能够提供可移植性的面向对象的代码。

ActionScript 由嵌入在 Flash Player 中的 ActionScript 虚拟机（AVM）执行。AVM1 是执行以前版本的 ActionScript 虚拟机，今天变得更加强大的 Flash 平台使得创造出交互式媒体和丰富的网络应用成为可能。ActionScript 3.0 带来了一个更加高效的 ActionScript 执行虚拟机——AVM2。使用 AVM2，ActionScript 3.0 的执行效率将比以前的 ActionScript 执行效率高出至少 10 倍。新的 AVM2 虚拟机将会嵌入到 Flash player 9 中，将成为执行 ActionScript 的首选虚拟机。当然，AVM1 将继续嵌入在 Flash player 9 中，以兼容以前的 ActionScript 版本。目前，有众多的产品把自身的展示和应用表现于 Flash player 中，这些产品的动画也经常应用到 ActionScript，以增加互动性。

11.1.3 从 ActionScript 2.0 迁移到 ActionScript 3.0

由于 ActionScript 3.0 与 ActionScript 2.0 版本差异很大，无法简单的升级。当然，ActionScript 的核心语言的大部分内容仍然保持不变。ActionScript 3.0 仍然基于 ECMA 标准。可以像以前一样创建数组、对象、日期和核心语言语法范围，比如循环和条件语句。现在就主要不同进行说明。

（1）使用数据类型

在声明变量、函数或元素时，需要指定数据类型。这样可以使 Flash 编译器运行时更快、更高效。

例如，下面这条语句展示了一个声明为 String 数据类型的变量：

```
var username:String = "Dan Carr";
```

注意，变量名后跟了一个冒号和数据类型的名称。ActionScript 3.0 是一种严格的类型语言。通过将变量声明为字符串，就表明该变量仅能保存文字字符串内容，如果尝试向变量中传递数字或数组，编译器将抛出一个错误。

（2）使用变量

在 ActionScript 3.0 中，变量在本质上与以前的版本相同，但必须使用 var 关键字声明变量，并且必须在声明变量时为它指定数据类型。省略 var 关键字将产生一个错误。省略数据类型将产生一个警告或者错误。

（3）使用函数

在 ActionScript 3.0 中，函数也基本上是相同的，但参数和返回类型必须在函数声明中指定数据类型：

```
function gotoURL( url:String ):void {
    navigateToURL(new URLRequest(url));
}
```

在上面的示例中，传入的参数"url"的数据类型指定为 String，并且因为没有返回数据类型，所以在圆括号后添加了 void 关键字。在 ActionScript 3.0 中，void 关键字中的 v 是小写形式。需要注意 ActionScript 3.0 是区分大小写的。

（4）使用事件

在 ActionScript 3.0 编写事件的方式上有两个主要变化：只有一种编写事件的语法，事件代码无法直接放在对象实例上。在 ActionScript 3.0 中，编写事件代码的方式与为 ActionScript 2.0 组件编写代码的方式类似。要响应事件，需要编写一个事件处理函数，并使用 addEventListener 在函数中注册广播该事件的对象。

例如，下面代码为一个影片剪辑绑定事件，当单击影片时渐隐显示。

```
movieClip1.addEventListener(Event.ENTER_FRAME, fl_FadeSymbolOut);
movieClip1.alpha = 1;
function fl_FadeSymbolOut(event:Event)
{
    movieClip1.alpha -= 0.01;
    if(movieClip1.alpha <= 0)
    {
```

```
                movieClip1.removeEventListener(Event.ENTER_FRAME, fl_FadeSymbolOut);
        }
    }
```

11.2 "动作"面板的使用

Flash CC 提供了一个专门用来编写程序的窗口，它就是"动作"面板，如图 11-2 所示。在运行 Flash CC 后，有两种方式可以打开"动作"面板。

1）选择"窗口"→"动作"命令。

2）按〈F9〉键，打开"动作"面板。

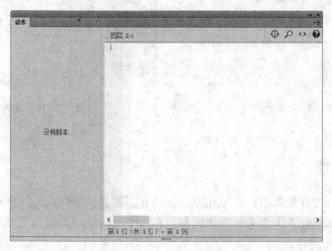

图 11-2 "动作"面板

面板右侧的脚本窗口用来创建脚本，用户可以在其中直接编辑动作，也可以输入动作的参数或者删除动作，这和在文本编辑器中创建脚本非常相似。

要添加 ActionScript 脚本，可以单击工具栏中的"插入实例路径和名称"按钮，打开"插入目标路径"对话框，从中选择一个实例对象，如图 11-3 所示。

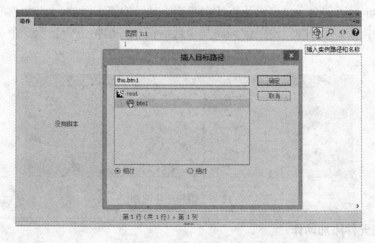

图 11-3 选中目标路径

然后，为选中的按钮绑定一个鼠标单击事件，当单击按钮时设计在输出面板中显示提示信息，编写的代码如图 11-4 所示。面板的左侧中部以分类的方式，列出了 Flash CC 中所有的动作及语句。

Flash CC 提供了代码片断助手，使用代码片断，可以快速、简单地插入动作脚本，以适合初学者使用，如图 11-5 所示。

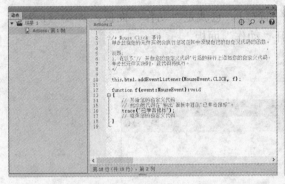 

图 11-4　添加动作　　　　　　　　　图 11-5　"动作"面板的"代码片断"

11.3　添加动作

与 ActionScript 2.0 版本相比，ActionScript 3.0 最明显的变化就是用户不能将代码直接放在实例上。ActionScript 3.0 要求所有代码都放在一个时间轴的关键帧上或放在与一个时间轴相关的 ActionScript 类中。

作为最佳实践，用户应该向时间轴的图层顶部添加一个"动作"图层，并将动作代码添加到此图层上的关键帧中。一般将代码添加到第 1 帧中，以方便找到。当然，可以根据需要在任何位置放置停止动作。

1．给关键帧添加动作

给关键帧添加动作，可以让影片播放到某一帧时执行某种动作。例如，给影片的第 1 帧添加 Stop（停止）语句命令，可以让影片在开始的时候就停止播放。同时，帧动作也可以控制当前关键帧中的所有内容。给关键帧添加函数后，在关键帧上会显示一个"a"标记，如图 11-6 所示。

图 11-6　添加动作的帧

2．给按钮元件添加动作

给按钮元件添加动作，可以通过事件监听器函数来实现。ActionScript 3.0 对事件进行了改进。addEventListener 方法需要侦听器的一个函数引用，而不是一个对象或函数引用。在 ActionScript 2.0 中，通常使用一个对象作为许多事件处理函数的容器，但在 ActionScript 3.0 中，侦听器充当着事件的函数。

按钮来控制影片的播放或者控制其他元件。通常这些动作或程序都是在特定的按钮事件发生时才会执行，如按下或松开鼠标右键等。结合按钮元件，可以轻松创建互动式的界面和动画，也可以制作有多个按钮的菜单，每个按钮的实例都可以有自己的动作，而且互相不会影响，如图 11-7 所示。

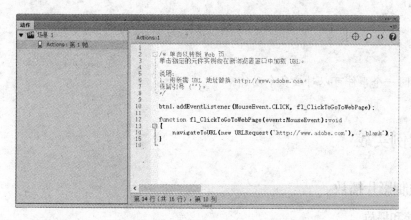

图 11-7　给按钮元件添加函数

3. 给影片剪辑元件添加动作

给影片剪辑元件添加动作后，当装载影片剪辑或播放影片剪辑到达某一帧时，分配给该影片剪辑的动作将被执行。灵活运用影片剪辑动作，可以简化很多的工作流程，如图 11-8 所示。

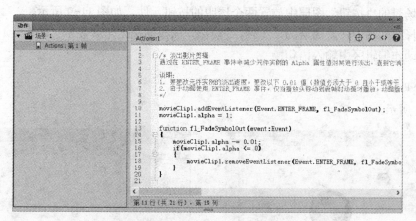

图 11-8　给影片剪辑元件添加函数

4. 理解 ActionScript

Flash CC 中的 ActionScript 脚本和 JavaScript 有很多类似的地方，它们都是基于事件驱动的脚本语言。所有的脚本都是由"事件"和"动作"的对应关系来组成的，那么怎么理解它们的对应关系呢？下面举例来说明。

例如，到一个公司去应聘，这家公司的应聘条件为"是否会 Flash 动画制作"，如果会，那么就可以顺利的应聘到这家公司，如果不会 Flash 动画制作，那么就将被淘汰。这里的"事件"就是"是否会 Flash 动画制作"，而"动作"就是"应聘到这家公司"。

"事件"可以理解为条件，是一种判断，有"真"和"假"两个取值。而"动作"可以理解为效果，当相应的"条件"成立时，执行相应的"效果"。在 Flash 脚本中的书写格式为：

```
事件 {
    动作
    动作
}
```

注意：同一个事件可以对应多个动作。

11.4 案例实战

11.4.1 控制影片播放

1. 暂停和播放

Flash 动画默认的状态下是永远循环播放的，如果需要控制动画的播放和停止，可以添加相应的语句来完成。

play 命令用于播放动画，而 stop 命令用于停止播放动画，并且让动画停止在当前帧，这两个命令没有语法参数。下面通过一个具体的案例来说明这两个命令的作用，其操作步骤如下。

1）打开素材文件中的练习 Flash 文件"控制影片的播放"（ActionScript 3.0）。

2）在场景的"按钮"图层中放置两个透明的按钮元件，如图 11-9 所示。

3）选择时间轴中任意图层的第 1 帧，"动作"面板的左上角会显示"动作-帧"。

4）在动作编辑区中输入语句：

```
stop();
```

如图 11-10 所示。

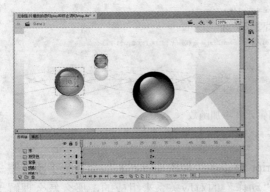

图 11-9　在场景中制作动画并放置按钮元件

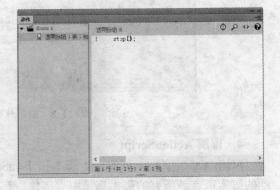

图 11-10　输入语句

说明： 直接给关键帧添加动作，这时的事件就是帧数，表示播放到第 1 帧停止。

5）选择舞台中的"play"透明按钮实例，在"属性"面板中设置播放按钮的实例名称为 button_1。

6）在"图层"面板中新建图层，命名为 Actions，定位到第一帧，在动作编辑区中输入语句：

```
button_1.addEventListener(MouseEvent.CLICK, fl_ClickToPosition);
function fl_ClickToPosition(event:MouseEvent):void
{
    play();
}
```

如图 11-11 所示。

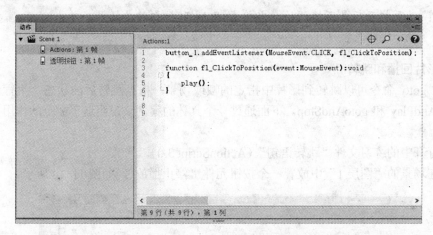

图 11-11　给"play"按钮添加动作

说明： 给按钮元件添加动作的时候，必须首先给出按钮定义实例名称。

7）选择舞台中的"stop"按钮实例，在"属性"面板中设置播放按钮的实例名称为 button_2。

8）选中 Actions 图层，定位到第一帧，在动作编辑区中输入语句：

```
button_2.addEventListener(MouseEvent.CLICK, f2_ClickToPosition);

function f2_ClickToPosition(event:MouseEvent):void
{
    stop();
}
```

如图 11-12 所示。

9）动画效果完成。选择"控制"→"测试影片"命令（快捷键：〈Ctrl+Enter〉），在 Flash 播放器中预览动画效果。

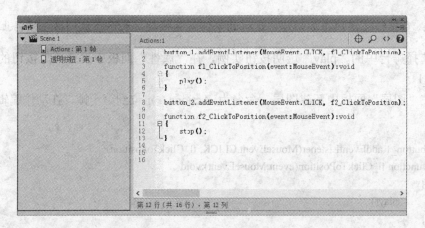

图 11-12 给"stop"按钮添加动作

说明：动画打开后是不播放的，当单击"play"按钮时才播放，单击"stop"按钮时会停止。

2. 影片回播和跳转

使用 goto 命令可以跳转到影片中指定的帧或场景。根据跳转后的状态，执行命令有两种：gotoAndPlay 和 gotoAndStop。下面通过一个具体的案例来说明这个命令的作用，其操作步骤如下。

1）打开中的练习文件"跳转语句"（ActionScript 3.0）。

2）在场景的"图层 1"中放置一个按钮元件"停止播放"，如图 11-13 所示。

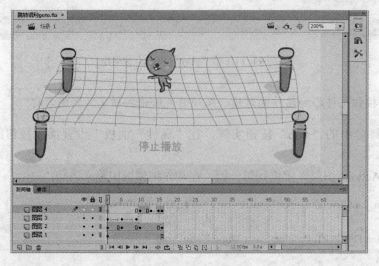

图 11-13 在场景中放置按钮元件

3）选择时间轴"图层 4"中的第 16 帧。

4）在动作编辑区中输入语句：

    this.gotoAndPlay(1);

如图 11-14 所示。

说明： 动画第 1 次播放后，会返回重复播放第 1~16 帧的动画效果。

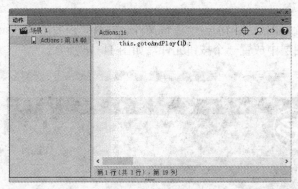

图 11-14　输入语句

5）选择舞台中的按钮实例，在"属性"面板中设置播放按钮的实例名称为 button_1。

6）在动作编辑区中输入语句：

```
button_1.addEventListener(MouseEvent.CLICK, f1_ClickToPosition);

function f1_ClickToPosition(event:MouseEvent):void
{
        stop();
}
```

如图 11-15 所示。

图 11-15　给按钮添加动作

7）在时间轴面板中，把图层 1 拖到最上面。

8）动画效果完成。选择"控制"→"测试影片"命令（快捷键：〈Ctrl+Enter〉），在 Flash 播放器中预览动画效果。

说明： 动画会重复播放，当单击舞台中的按钮时，动画将停止播放。

3．控制背景音乐

stopAllSounds 命令是一个简单的声音控制命令，执行该命令会停止当前影片文件中所有的声音播放。下面通过一个具体的案例来说明这个命令的作用，其操作步骤如下。

1）打开素材文件中的练习文件"停止所有声音播放语句 Stop All Sounds.fla"（ActionScript 3.0）。

2）在"背景声音"图层中添加一个声音文件，并且将声音的属性设置为"循环"。

3）在"按钮"图层中放置一个按钮元件，如图 11-16 所示。

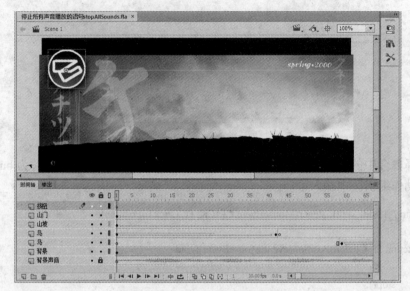

图 11-16　在场景中放置按钮元件

4）选择舞台中的按钮实例，在"属性"面板中设置播放按钮的实例名称为 button_1。

5）在动作编辑区中输入语句：

```
button_1.addEventListener(MouseEvent.CLICK, fl_ClickToStopAllSounds);

function fl_ClickToStopAllSounds(event:MouseEvent):void
{
    SoundMixer.stopAll();
}
```

如图 11-17 所示。

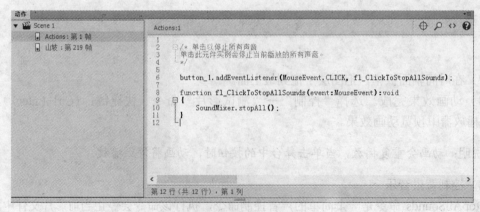

图 11-17　输入语句

6）动画效果完成。选择"控制"→"测试影片"命令（快捷键：〈Ctrl+Enter〉），在 Flash 播放器中预览动画效果。

说明：当单击舞台中的按钮时，动画中的声音将停止播放。

4．应用全屏和退出命令

fscommand 命令用来控制 Flash 的播放器，例如，Flash 中常见的全屏及隐藏右键菜单等效果都可以通过添加这个命令来实现。fscommand 命令的参数及说明如表 11-1 所示。

表 11-1 fscommand 命令

命 令	参 数	说 明
quit	无	关闭播放器
fullscreen	true 或 false	指定 true 将 Flash Player 设置为全屏模式。如果指定 false，播放器会返回到常规菜单视图
allowscale	true 或 false	如果指定 false，则设置播放器始终按 SWF 文件的原始大小绘制 SWF 文件，而从不进行缩放。如果指定 true，则允许用户调整播放器窗口，此时 swF 文件自动缩放，以适应播放器窗口的显示
showmenu	true 或 false	如果指定 true，则启用整个上下文菜单项集合。如果指定 false，则使得除"关于 Flash Player"外的所有上下文菜单项变暗
exec	应用程序的路径	在播放器内执行应用程序
trapallkeys	true 或 false	如果指定 true，则将所有按键事件（包括快捷键事件）发送到 Flash Player 中的 onClipEvent(keyDown/keyUp) 处理函数。如果指定 false，将不做任何处理

下面通过一个具体的案例来说明这个命令的作用，其操作步骤如下。

1）打开素材文件中的练习文件"Flash 播放器控制语句"（ActionScript 3.0）。

2）在"按钮"图层中放置一个透明的按钮元件，如图 11-18 所示。

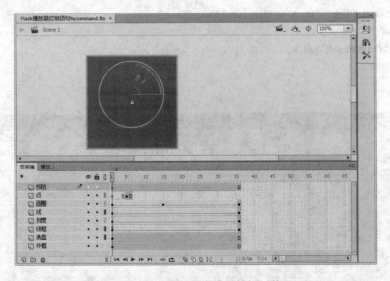

图 11-18　在场景中放置按钮元件

3）选择时间轴中任意图层的第 1 帧。

4）在动作编辑区中输入语句：

```
fscommand("fullscreen", "true");
```

```
fscommand("showmenu", "false");
fscommand("allowscale", "true");
```

如图 11-19 所示。

说明：这样动画打开时即可全屏播放，但不显示菜单，允许缩放。

5）选择舞台中的透明按钮实例，在"属性"面板中设置播放按钮的实例名称为 button_1。

6）在动作编辑区中输入语句：

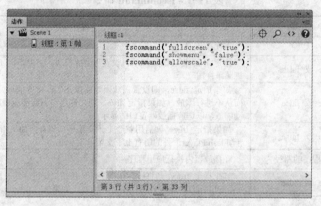

图 11-19　输入语句

```
button_1.addEventListener(MouseEvent.CLICK, fl_ClickToStopAllSounds);

function fl_ClickToStopAllSounds(event:MouseEvent):void
{
    fscommand("quit");
}
```

如图 11-20 所示。

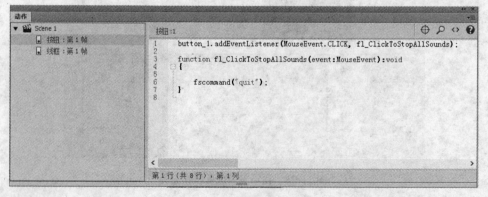

图 11-20　为按钮添加动作

说明：当单击按钮的时候就可以关闭 Flash 播放器。

7）动画效果完成。选择"文件"→"导出"→"导出影片"命令（快捷键：〈Ctrl+Shift+S〉），在 Flash 播放器中预览动画效果。

说明：并非表中所列的全部命令在所有应用程序中都可用：这些命令在 Web 播放器中都不可用，所有这些命令在独立的应用程序（如 Flash 播放器）中都可用，只有 allowscale 和 exec 在测试影片播放器中可用。

11.4.2　添加超链接

在 ActionScript 3.0 中，使用 navigateToURL()方法可以从指定的 URL 加载一个文件到浏览器窗口。也可以用来在 Flex 和 JavaScript 之间通信。

navigateToURL()方法位于 flash.net 包中，语法格式如下：

> navigateToURL(request：URLRequest，window：String)：void

其中，request 参数是一个 URLRequest 对象，用来定义目标；window 参数是一个字符串对象，用来定义加载的 URL 窗口是否为新窗口。window 参数的值与 HTML 中 target 的值一样，可选值如下。

- _self：表示当前窗口。
- _blank：表示新窗口。
- _parent：表示父窗口。
- _top：表示顶层窗口。

例如：

```
import flash.net.*;                              //添加引用
private function GoItzcn(domain:String):void{    //声明函数
var URL:String="http://"+domain+".itzcn.com";    //设置打开的网址
var request:URLRequest = new URLRequest(URL);     //创建 URLRequest 对象
navigateToURL(request,"_blank");                 //在浏览器中打开
```

下面通过一个具体的案例来说明这个命令的作用，其操作步骤如下。

1）打开素材文件中的练习文件"转到 Web 页语句"（ActionScript 3.0）。

2）在"按钮"图层中放置一个按钮元件，如图 11-21 所示。

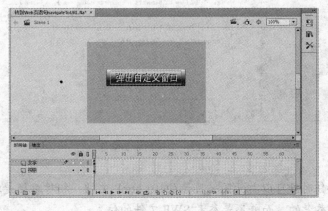

图 11-21　在场景中放置按钮元件

3）选择时间轴中任意图层的第 1 帧。

4）在动作编辑区中输入语句：

navigateToURL(new URLRequest("http://www.baidu.com"), "_blank");

如图 11-22 所示。

说明： 这样，当动画开始播放的时候就可以自动跳转。

图 11-22　输入语句

5）选择舞台中的按钮实例，在"属性"面板中设置播放按钮的实例名称为 button_1。

6）在动作编辑区中输入如下语句：

```
movieClip_1.addEventListener(MouseEvent.CLICK, fl_ClickToGoToWebPage);

function fl_ClickToGoToWebPage(event:MouseEvent):void
{
    navigateToURL(new URLRequest("01.html"), "_blank");
}
```

如图 11-23 所示。

图 11-23　为按钮添加动作

说明： 单击按钮时就可以打开同一目录的 01.html 文档。相对路径是以最终导出的影片所在的网页位置为参考的，而并不是参考 SWF 文件的位置。

7）动画效果完成。选择"文件"→"导出"→"导出影片"命令（快捷键：〈Ctrl+Shift+S〉），在 Flash 播放器中预览动画效果。

11.4.3　加载和删除外部影片

使用 loadMovie 命令可以在一个影片中加载其他位置的外部影片或位图，使用 unloadMovie 命令可以卸载前面载入的影片或位图。

下面通过一个具体的案例来说明这个命令的作用，其操作步骤如下。

1）新建一个 Flash 文件（ActionScript 3.0）。

2）在场景的"图层 1"中放置两个按钮元件。

3）在"图层 1"中绘制一个白色矩形。

4）按〈F8〉键在弹出的"转换为元件"对话框中设置元件类型为"影片剪辑"，如图 11-24 所示。调整其注册中心点为左上角。

5）选择影片剪辑元件，在"属性"面板的实例名称文本框中输入"here"，如图 11-25 所示。

图 11-24　把矩形转换为影片剪辑元件

图 11-25　设置影片剪辑元件的实例名称

说明： 实例的命名规则是只能以字母和下画线开头，中间可以包含数字，不能以数字开头，不能使用中文。

6）选择舞台中的第一个按钮元件，在"属性"面板中设置播放按钮的实例名称为 button_1。然后，在第 1 帧中输入下面代码：

```
button_1.addEventListener(MouseEvent.CLICK, fl_ClickToLoadUnloadSWF);

import fl.display.ProLoader;
var fl_ProLoader:ProLoader;

function fl_ClickToLoadUnloadSWF(event:MouseEvent):void
{
    fl_ProLoader = new ProLoader();
    fl_ProLoader.load(new URLRequest("2.png"));
    here.addChild(fl_ProLoader);
}
```

如图 11-26 所示。

说明： 这里的"2.png"和最终导出的动画在同一个文件夹中。

7）选择舞台中的第二个按钮元件，在"属性"面板中设置播放按钮的实例名称为button_2。然后，在第1帧中输入下面代码：

```
button_2.addEventListener(MouseEvent.CLICK, f2_ClickToLoadUnloadSWF);

function f2_ClickToLoadUnloadSWF(event:MouseEvent):void
{
```

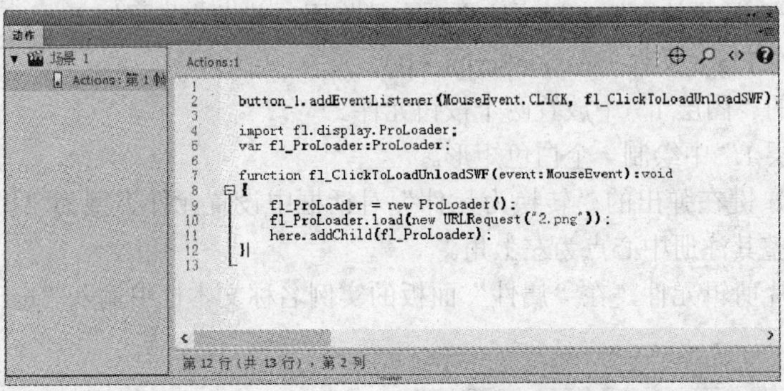

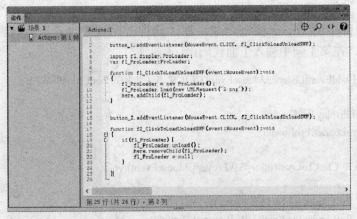

图 11-26　为第一个按钮添加动作

```
    if(fl_ProLoader){
        fl_ProLoader.unload();
        here.removeChild(fl_ProLoader);
        fl_ProLoader = null;
    }
}
```

如图 11-27 所示。

图 11-27　为第二个按钮添加动作

8）动画效果完成。选择"文件"→"导出"→"导出影片"命令（快捷键：〈Ctrl+Shift+S〉），在 Flash 播放器中预览动画效果。

说明：单击不同的按钮，即可加载不同的动画到当前的影片中，并且对齐到影片剪辑元件"here"的位置上。

11.4.4 控制影片显示样式

要改变影片剪辑元件实例的位置、大小和透明度等效果，可以通过修改影片剪辑元件实例的各种属性数据来实现。对象的属性很多，常用的属性如表 11-2 所示。

表 11-2 影片剪辑元件的属性

属 性 名 称	说 明
alpha	透明度，1 是不透明，0 是完全透明
height	高度（单位为像素）
width	宽度（单位为像素）
rotation	旋转角度
soundbuftime	声音暂存的秒数
x	X 坐标
y	Y 坐标
scaleX	缩放宽度（单位为倍数）
scaleY	高度（单位为百分比）
heightqulity	1 是最高画质，0 是一般画质
name	实例名称
visible	1 为可见，0 为不可见
currentFrame	当前影片播放的帧数

下面通过一个具体的案例来说明这个命令的作用，其操作步骤如下。

1）新建一个 Flash 文件（ActionScript 3.0）。

2）在"图层 1"中导入一张外部的图片。

3）按〈F8〉键，把这张图片转换为一个影片剪辑元件。

4）在"属性"面板中设置影片剪辑元件的实例名称为"girl"。

5）新建"图层 2"，在其中放置 4 个按钮，如图 11-28 所示。

图 11-28　在场景中放置按钮和影片剪辑元件

6）选择舞台左上角的椭圆按钮，在"属性"面板中设置播放按钮的实例名称为button_1。在动作编辑区中输入语句：

```
button_1.addEventListener(MouseEvent.CLICK, fl_ClickToLoadUnloadSWF);

function fl_ClickToLoadUnloadSWF(event:MouseEvent):void
{
    girl.scaleX=girl.scaleX-0.1
    girl.scaleY=girl.scaleY-0.1
}
```

如图 11-29 所示。

图 11-29 为左上角按钮添加动作

7）选择舞台右上角的椭圆按钮，在"属性"面板中设置播放按钮的实例名称为button_2。在动作编辑区中输入语句：

```
button_2.addEventListener(MouseEvent.CLICK, f2_ClickToLoadUnloadSWF);

function f2_ClickToLoadUnloadSWF(event:MouseEvent):void
{
    girl.scaleX=girl.scaleX + 0.1
    girl.scaleY=girl.scaleY + 0.1
}
```

如图 11-30 所示。

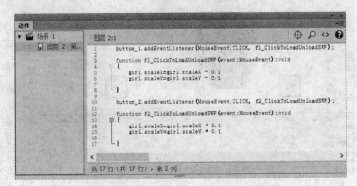

图 11-30 为右上角按钮添加动作

说明：通过不断地改变影片剪辑元件的宽度和高度的百分比，从而实现对图片放大和缩小的操作。

8）选择舞台左下角的矩形按钮，在"属性"面板中设置播放按钮的实例名称为button_3。在动作编辑区中输入语句：

```
button_3.addEventListener(MouseEvent.CLICK, f3_ClickToLoadUnloadSWF);

function f3_ClickToLoadUnloadSWF(event:MouseEvent):void
{
    girl.rotation=girl.rotation - 10
    girl.rotation=girl.rotation - 10
}
```

如图 11-31 所示。

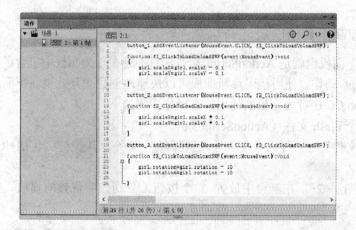

图 11-31　为左下角按钮添加动作

9）选择舞台右下角的矩形按钮，在"属性"面板中设置播放按钮的实例名称为button_4。在动作编辑区中输入语句：

```
button_4.addEventListener(MouseEvent.CLICK, f4_ClickToLoadUnloadSWF);

function f4_ClickToLoadUnloadSWF(event:MouseEvent):void
{
    girl.rotation=girl.rotation + 10
    girl.rotation=girl.rotation + 10
}
```

如图 11-32 所示。

10）动画效果完成。选择"控制"→"测试影片"命令（快捷键：〈Ctrl+Enter〉），在 Flash 播放器中预览动画效果。

说明：通过不断地改变影片剪辑元件的旋转角度，可以实现对图片的顺时针或逆时针旋转。

图 11-32　为右下角按钮添加动作

11.4.5　设计控制工具条

"代码片断"面板也就是 ActionScript 动作。只不过在行为面板中包含了一些使用比较频繁的 ActionScript 动作。使用代码片断面板可以快速地创建交互效果。下面通过一个具体的案例来说明 Flash CC 中行为面板的使用，其操作步骤如下。

1）新建一个 Flash 文件（ActionScript 3.0）。

2）选择"文件"→"导入"→"导入到舞台" 命令（快捷键：〈Ctrl+R〉），向 Flash 中导入一段视频。

3）新建"图层 2"，在舞台中放置 3 个按钮，分别控制视频的播放、停止和暂停，如图 11-33 所示。

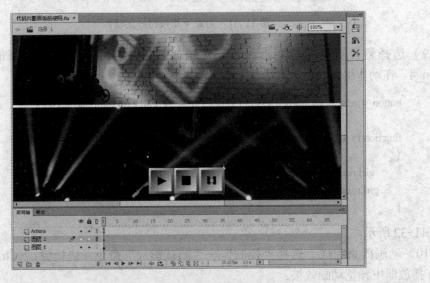

图 11-33　在场景中放置按钮和视频

4）选择"图层 1"中的视频，在"属性"面板中设置视频的实例名称为"movie"。

5）选择"窗口"→"代码片断"命令（快捷键：〈Shift+F3〉），打开 Flash CC 的"代码片断"面板，如图 11-34 所示。

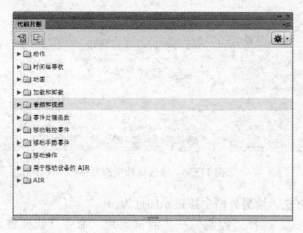

图 11-34　Flash 的"代码片断"面板

6）选择舞台中的"播放"按钮，在"属性"面板中设置实例名称为 button_1。在"代码片断"面板左侧列表框中选择"音频和视频"→"单击以播放视频"命令，如图 11-35 所示。

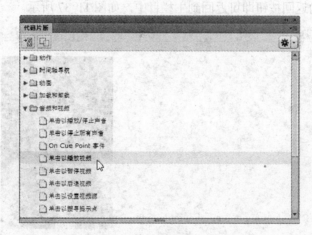

图 11-35　给按钮添加行为

7）在打开的"动作"面板中，设置其中的视频实例名称，修改代码：

```
button_1.addEventListener(MouseEvent.CLICK, fl_ClickToPlayVideo);

function fl_ClickToPlayVideo(event:MouseEvent):void
{
    // 用此视频组件的实例名称替换 video_instance_name
    movie.play();
}
```

如图 11-36 所示。

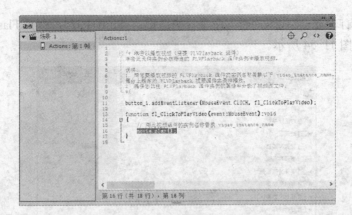

图 11-36 修改视频实例名称

8）使用同样的方法，给另外两个按钮添加行为。

9）动画效果完成。选择"控制"→"测试影片"命令（快捷键：〈Ctrl+Enter〉），在 Flash 播放器中预览动画效果。

11.4.6 Flash 结业展示

这是一个使用 Flash 制作的个人页面展示，单击不同的栏目可以进入到相应的栏目内容中，单击每个栏目的返回按钮即可返回到主栏目中，如图 11-37 所示。

图 11-37 Flash 个人网站

在 Flash 中实现内部的栏目跳转，实际上可以理解为帧的跳转，通过 goto 函数的应用可以轻松实现，具体操作步骤如下。

1）新建一个 Flash 文件（ActionScript 3.0），设置背景颜色为"白色"，舞台的尺寸为 700×400 像素。

2）选择 "导入"→"导入到舞台" 命令（快捷键：〈Ctrl+R〉），向 Flash 中导入一张图片素材，并且放置到舞台的右侧，如图 11-38 所示。

3）新建"按钮"图层，在其中放置 3 个按钮元件，分别是"content（联系）""about（关于）"和"service（服务）"，如图 11-39 所示。

4）在所有图层的上方新建"栏目"图层。

5）选择"栏目"图层的第1帧。

6）在"动作"面板的动作编辑区中输入语句：

stop();

图11-38　导入位图素材

图11-39　在舞台中添加按钮

如图11-40所示。

7）选择"栏目"图层的第2帧，按〈F7〉键，插入空白关键帧。

8）在"栏目"图层的第2帧中制作"联系"栏目的内容，如图11-41所示。

图11-40　输入语句

图11-41　在"栏目"图层的第2帧中制作"联系"栏目的内容

9）选择"栏目"图层的第3帧，按〈F7〉键，插入空白关键帧。

10）在"栏目"图层的第3帧中制作"关于"栏目的内容，如图11-42所示。

11）选择"栏目"图层的第4帧，按〈F7〉键，插入空白关键帧。

12）在"栏目"图层的第4帧中制作"服务"栏目的内容，如图11-43所示。

13）选择"背景"图层的第4帧，按〈F5〉键，插入静态延长帧。

图 11-42 在"栏目"图层的第 3 帧中制作"关于" 图 11-43 在"栏目"图层的第 4 帧中制作"服务"
　　　　栏目的内容 　　　　　　　　　　　栏目的内容

14）选择按钮元件"content（联系）"，在代码片断面板中选择"时间轴导航"→"单击以转到帧并停止"命令，然后在"动作"面板中修改跳转帧为 2，代码如下：

```
button_1.addEventListener(MouseEvent.CLICK, fl_ClickToGoToAndStopAtFrame);

function fl_ClickToGoToAndStopAtFrame(event:MouseEvent):void
{
    gotoAndStop(2);
}
```

如图 11-44 所示。

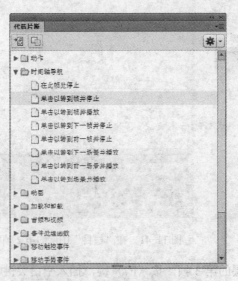

图 11-44 插入代码片断

15）以同样的方式，选择按钮元件"about（关于）"，插入"单击以转到帧并停止"代码片断，在"动作"面板的动作编辑区中修改语句：

```
button_2.addEventListener(MouseEvent.CLICK, fl_ClickToGoToAndStopAtFrame_2);

function fl_ClickToGoToAndStopAtFrame_2(event:MouseEvent):void
{
    gotoAndStop(3);
}
```

如图 11-45 所示。

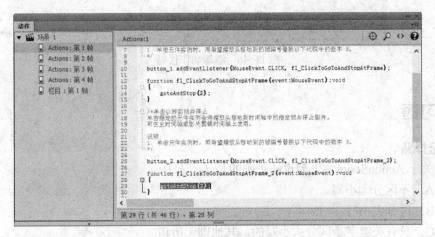

图 11-45　编辑动作

16）选择按钮元件"service（服务）"，插入"单击以转到帧并停止"代码片断，在"动作"面板的动作编辑区中修改语句：

```
button_3.addEventListener(MouseEvent.CLICK, fl_ClickToGoToAndStopAtFrame_3);

function fl_ClickToGoToAndStopAtFrame_3(event:MouseEvent):void
{
    gotoAndStop(4);
}
```

17）分别选择"栏目"图层第 2、3、4 帧中的返回按钮，插入"单击以转到帧并停止"代码片断，在"动作"面板的动作编辑区中修改语句：

```
button_6.addEventListener(MouseEvent.CLICK, fl_ClickToGoToAndStopAtFrame_6);

function fl_ClickToGoToAndStopAtFrame_6(event:MouseEvent):void
{
    gotoAndStop(1);
}
```

如图 11-46 所示。

18）动画效果完成。选择"控制"→"测试影片"命令（快捷键：〈Ctrl+Enter〉），在 Flash 播放器中预览动画效果。

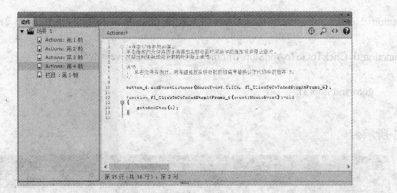

图 11-46　添加动作代码

11.5　习题

1. 选择题

（1）关于 ActionScript，下列说法正确的是（　　）。

    A. 不区分大小写

    B. 区分大小写

    C. 只有关键字是区分大小写的，其他则无所谓

    D. 以上都不正确

（2）下列电子邮件链接书写形式正确的是（　　）。

    A. mailto:zhangqian@163.com

    B. mailto:// zhangqian@163.com

    C. http:// zhangqian@163.com

    D. mailto// zhangqian@163.com

（3）关于帧动作的说法正确的是（　　）。

    A. 出现一个 a，表示该帧已经被分配帧动作

    B. 出现一个 a，表示该帧没有分配帧动作

    C. 出现一个 A，表示该帧才被分配帧动作

    D. 出现一个 a，表示不能确定该帧是否已经被分配帧动作

（4）Flash 影片中不能添加动作语句的对象是（　　）。

    A. 按钮元件　　　　B. 关键帧　　　　　C. 影片剪辑元件　　　　D. 图形元件

（5）能够在 Flash 中添加动作语句的位置是（　　）。

    A. "库" 面板　　　　　　　　　　　　　B. "动作" 面板

    C. "代码片断" 面板　　　　　　　　　　D. "属性" 面板

2. 操作题

（1）利用按钮元件来控制一个影片的播放，有两种不同的控制形式，一种是控制主场景里的动画，另一种是控制影片剪辑元件内的动画，比较其区别。

（2）制作一个按钮控制影片剪辑元件并改变其属性的动画。

（3）利用 Flash CC 的代码片断来制作控制视频播放的动画效果。

第 12 章　Flash CC 组件应用

组件是带有参数的电影剪辑，这些参数可以用来修改组件的外观和行为。每个组件都有预定义的参数，并且它们可以被设置。每个组件还有一组属于自己的方法、属性和事件，它们被称为应用程序程接口（API）。使用组件，可以使程序设计与软件界面设计分离，提高代码的复用性。本章将讲解 Flash CC 中基本组件的使用和应用技巧。

本章要点
- 组件的概念
- 常用组件
- 组件的应用

12.1　认识 Flash CC 组件

组件是具有已定义参数的复杂影片剪辑，这些参数在影片制作期间进行设置，同时组件也带有一组唯一的动作程序方法，可用于在运行时设置参数和其他选项。组件取代并扩展了 Flash 早期版本中的智能剪辑。用户可以安装由其他开发人员制作的组件，就好像是 Fireworks 的外挂滤镜一样，能够给 Flash 提供更多的扩展功能。下面介绍 Flash CC 中的组件，它是面向对象技术的一个重要特征。在 Flash 不同版本中，组件包括 ActionScript 2.0 组件和 ActionScript 3.0 组件，不同版本的组件是不能够兼容的。当创建一个新的 Flash 影片文件后，可以通过"窗口"菜单打开"组件"面板，ActionScript 2.0 在"组件"面板中默认提供了 4 组不同类型的组件，如图 12-1 所示。而 ActionScript 3.0 的"组件"面板中只包含有两组不同类型的组件，如图 12-2 所示。

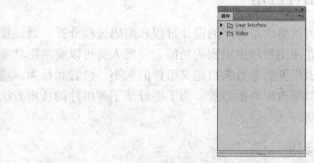

图 12-1　ActionScript 2.0 的"组件"面板　　　　　图 12-2　ActionScript 3.0 的"组件"面板

当然用户也可以自己扩展组件，这就意味着用户可以拥有更多的 Flash 界面元素或者动画资源。下面为读者介绍一些常用而且较为简单的组件，由于组件在使用过程中通常涉及 ActionScript 语言，因此在本节的学习过程中，只需要按照具体步骤简单地使用组件，对常用的组件有一个大致的了解就可以了。

12.2 组件类型

Flash CC 中的组件，包含以下两种类型。

（1）用户界面（UI）组件

用户界面组件类似于网页中的表单元素，使用 Flash 的用户界面组件，可以轻松开发 Flash 的应用程序界面，如按钮、下拉菜单、文本字段等，如图 12-3 所示。

（2）视频组件

视频组件可以轻松地将视频播放器包括在 Flash 应用程序中，以便通过 HTTP 从 Flash Video Streaming Service（FVSS）或从 Flash Media Server 播放渐进式视频流，如图 12-4 所示。

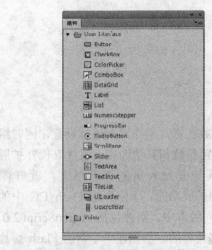

图 12-3　用户界面组件

图 12-4　视频组件

12.3 组件应用

组件可以将应用程序的设计过程和编码过程分开。通过使用组件，开发人员可以创建设计人员在应用程序中用到的功能。开发人员可以将常用功能封装到组件中，设计人员可以通过更改组件的参数来自定义组件的大小、位置和行为。通过编辑组件的图形元素或外观，还可以更改组件的外观。为了更好地了解组件的使用方法，下面通过一些实际的操作来进行说明。

12.3.1 按钮

按钮（Button）组件是一个比较简单的组件，下面对其使用及参数设置做一个详细的介绍。具体操作步骤如下。

1）新建一个 Flash 文件（ActionScript 3.0）。

2）选择"窗口"→"组件"命令（快捷键：〈Ctrl+F7〉），打开"组件"面板。

3）选择"组件"面板中的"User Interface（用户界面）"→"Button（按钮）"选项，将其拖拽到舞台中，如图 12-5 所示。

4）选中按钮实例，在"属性"面板中将实例命名为"Button01"，如图 12-6 所示。

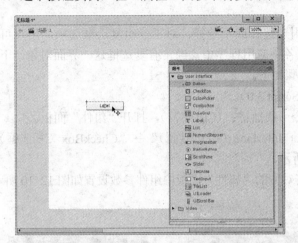

图 12-5　把 Button 组件拖拽到舞台中　　　　　图 12-6　设置按钮的实例名称

5）在"属性"面板中展开"组件参数"选项列表，在"lable"文本框中输入"点我看看!"，如图 12-7 所示。

6）选择"图层 1"的第 1 帧，在"动作"面板中输入以下语句：

```
//定义事件处理函数
function gotoMyUrl(event:MouseEvent):void{
    var myUrl:URLRequest = new URLRequest("http://www.baidu.com")
    navigateToURL(myUrl);
}
//在场景1中为按钮(实例名为Button01)添加侦听器
//就是把函数应用到按钮上，使其被按钮控制
Button01.addEventListener(MouseEvent.CLICK, gotoMyUrl);
```

如图 12-8 所示。

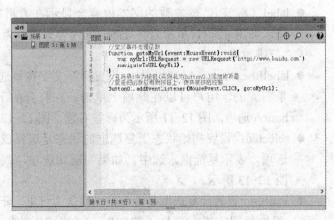

图 12-7　设置按钮实例的属性　　　　　　　　图 12-8　输入语句

7）组件设置完毕。选择"控制"→"测试影片"命令（快捷键：〈Ctrl+Enter〉），在 Flash 播放器中预览动画效果。单击按钮时可以打开网页链接。

12.3.2 复选框

复选框（CheckBox）组件允许用户选择或不选择，对于一组复选框选项，用户可以不选或者选择选项中的一个或多个。在各种应用程序中，经常有复选框这一界面对象。下边简单介绍这种组件的使用，具体操作步骤如下。

1）新建一个 Flash 文件（ActionScript 3.0）。

2）选择"窗口"→"组件"命令（快捷键：〈Ctrl+F7〉），打开"组件"面板。

3）选择"组件"面板中的"User Interface（用户界面）"→"CheckBox（复选框）"选项，将其拖拽到舞台中，如图 12-9 所示。

4）选中舞台中的复选框组件，其对应的"属性"面板中组件参数设置如图 12-10 所示。

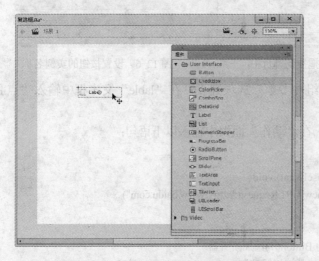

图 12-9　把 CheckBox 组件拖拽到舞台中　　　　图 12-10　组件参数选项

- enabled（可用）：设置复选框是否可用。在默认状态下勾选此选项，表示复选框可以使用。
- label（标签）：该参数的文本内容会显示在方形复选框的旁边，以作为此选项的注释，如图 12-11 所示为将 label 的内容分别改为名称为"网页设计""平面设计"和"三维设计"。
- labelPlacement（标签位置）：设置标签文字在复选框的左侧或者右侧，在默认状态下是右置的，用户可以在此项上单击，在打开的下拉菜单中选择 left、right、top 或 button 选项，图 12-11 所示为标签右置，图 12-12 所示为标签左置。
- selected：设置初始状态下复选框的状态是选择或者未选择。在默认状态下不勾选此选项，表示复选框未选中。如果勾选此选项，则复选框在初始状态下是选中的，如图 12-13 所示。
- Visible：设置此复选框是否可见，默认为可见，不选中，则不可见。

5）组件设置完毕。选择"控制"→"测试影片"命令（快捷键：〈Ctrl+Enter〉），在

Flash 播放器中预览动画效果。

☐网页设计	网页设计 ☐	☑网页设计
☐平面设计	平面设计 ☐	☑平面设计
☐三维设计	三维设计 ☐	☑三维设计
图 12-11　修改 label 参数	图 12-12　标签左置	图 12-13　初始选中状态

12.3.3　下拉列表框

下拉列表框（ComboBox）组件也是常见的界面元素，在下拉列表框中可以提供多种选项供用户选择其一或者多个选项。下拉列表框组件虽然比较简单，但功能却很强大，下面具体介绍其使用步骤。

1）新建一个 Flash 文件（ActionScript 3.0）。

2）选择"窗口"→"组件"命令（快捷键：〈Ctrl+F7〉），打开"组件"面板。

3）选择"组件"面板中的"User Interface（用户界面）"→"ComboBox（下拉列表框）"选项，将其拖拽到舞台中，如图 12-14 所示。

4）选中舞台中的下拉列表框组件，其对应的"属性"面板如图 12-15 所示。

● dataProvider（数据提供者）：设置备选条目，双击此项参数，会弹出"值"对话框，如图 12-16 所示。在这个对话框中可以添加新选项、删除已有选项和对选项排列。单击"+"号按钮，列表中会添加新的选项，单击"值"文本框，可以输入用户需要的文本内容，如此多次操作可以输入多个选项。选中一个选项，单击"-"号按钮可以将其删除；单击"▼"按钮或者"▲"按钮可以将所选条目下移或者上移。设置数据以后，"属性"面板如图 12-17 所示，这里的 data 与"值"对话框中的选项是一一对应的。

● editable：设定用户是否可以修改菜单项内容。默认状态下不勾选此选项，用户可以单击此参数选项，勾选复选框则允许编辑。

图 12-14　把 ComboBox 组件拖拽到舞台中

图 12-15　组件参数选项

● enabled（可用）：设置复选框是否可用。默认状态下勾选此选项，表示复选框可以使用。

图 12-16　在"值"对话框中添加内容　　　　　图 12-17　设置完 data 参数后的组件参数

● prompt：设置下拉列表框提示信息。
● restrict：设置下拉文本框可以输入或者接收字符的范围。如"a-z"表示仅可输入字母，连字符表示范围，空值或者 null 表示接收任何字符。该项在 editable 选项被勾选时有效。
● rowCount：设置下拉列表框最多可以同时显示的选项数目，如果选项数目多于行数设置，在选择"控制"→"测试影片"命令（快捷键：〈Ctrl+Enter〉）测试影片的时候就会自动出现滚动条。
● visible：设置该下拉列表框是否可见，默认为可见。

5）组件设置完毕。选择"控制"→"测试影片"命令（快捷键：〈Ctrl+Enter〉），在 Flash 播放器中预览动画效果。

12.3.4　列表框

列表框（List）组件与 ComboBox 组件的功能和用法相似，具体操作步骤如下。

1）新建一个 Flash 文件（ActionScript 3.0）。

2）选择"窗口"→"组件"命令（快捷键：〈Ctrl+F7〉），打开"组件"面板。

3）选择"组件"面板中的"User Interface（用户界面）"→"List（列表框）"选项，将其拖拽到舞台中，如图 12-18 所示。

4）选中舞台中的列表框组件，其"属性"面板的组件参数如图 12-19 所示。

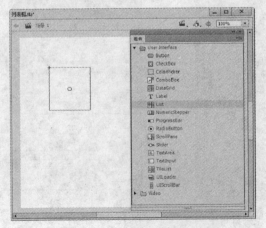

图 12-18　把 List 组件拖拽到舞台中　　　　　图 12-19　组件参数选项

其中的 enabled 项、dataProvider 项和 visible 项与 ComboBox 组件的相似，这里就不再赘述。

- allowMultipleSelection：该参数用于设置列表框的选项能否多选。默认值为 false，即不能多选，单击此参数，从打开的菜单中选择 true，则改为可多选，如果设置了可以多选，则在使用中按下〈Ctrl〉键，配合鼠标操作就能选取多个选项，如图 12-20 所示。
- horizontalLineScrollSize：设置当单击滚动箭头时要在水平方向上滚动的内容量。
- horizontalPageScrollSize：设置按滚动条轨道时水平滚动条上滚动块要移动的像素数。
- horizontalScrollPolicy：控制容器内容超过容器大小时水平滚动条自动显示与否。

图 12-20　选择多个选项

- verticalLineScrollSize：设置当单击滚动箭头时要在垂直方向上滚动的内容量。
- verticalPageScrollSize：设置按滚动条轨道时垂直滚动条上滚动块要移动的像素数。
- verticalScrollPolicy：控制容器内容超过容器大小时垂直滚动条自动显示与否。

5）组件设置完毕。选择"控制"→"测试影片"命令（快捷键：〈Ctrl+Enter〉），在 Flash 播放器中预览动画效果。

12.3.5　单选按钮

单选按钮（RadioButton）组件允许用户从一组选项中选择唯一的选项。下面介绍其具体使用步骤。

1）新建一个 Flash 文件（ActionScript 3.0）。

2）选择"窗口"→"组件"命令（快捷键：〈Ctrl+F7〉），打开"组件"面板。

3）选择"组件"面板中的"User Interface（用户界面）"→"RadioButton（单选按钮）"，将其拖拽到舞台中，如图 12-21 所示。

4）选中舞台中的单选按钮组件，其"属性"面板如图 12-22 所示。

图 12-21　把 RadioButton 组件拖拽到舞台中

图 12-22　组件参数选项

该组件各项参数的意义如下，其中 enabled 和 visible 参数项与上面组件功能相同，就不再重复说明。

- groupName：设置单选按钮组的名称。
- label（标签）：单选按钮的标签，即按钮一侧的文字，在此处将 label 设置为"网页设计"。
- labelPlacement：设置标签文字在按钮的左侧或者右侧，在默认状态下是右置的，用户可以在此项上单击，在打开的菜单中选择 left、right、top 或 bottom 选项。
- selected：设置单选按钮的初始状态是未选中（false）或者被选中（true），设置方法是单击此项参数即可。
- value：设置该单选项所要传递的值。

5）组件设置完毕。选择"控制"→"测试影片"命令（快捷键：〈Ctrl+Enter〉），在 Flash 播放器中预览动画效果，如图 12-23 所示。

图 12-23　单选按钮组件效果

12.4　案例实战

本节通过两个案例说明 Flash 中组件的具体应用方法。

12.4.1　滚动显示图片

滚动条（ScrollPane）组件即滑动窗组件，其功能就是提供滚动条，用户可以很方便地观看尺寸过大的电影剪辑。下面通过一个具体的案例来说明，操作步骤如下。

1）新建一个 Flash 文件（ActionScript 3.0）。

2）按〈Ctrl+F8〉键，新建一个影片剪辑元件，并进入到影片剪辑元件的编辑状态。

3）选择"文件"→"导入"→"导入到舞台" 命令（快捷键：〈Ctrl+R〉），向当前的影片剪辑元件内导入一张图片素材，如图 12-24 所示。

4）单击时间轴左上角的"场景 1"按钮，返回场景的编辑状态。

5）选择"窗口"→"库"命令（快捷键：〈Ctrl+L〉），打开"库"面板。

6）选择"库"面板中的影片剪辑元件，右击，在弹出的快捷菜单中选择"属性"命令。

7）在弹出的"元件属性"对话框中展开"高级"选项，然后选择"为 ActionScript 导出"复选框，然后在名称文本框中输入"clock"，如图 12-25 所示。最后单击"确定"按钮关闭此对话框。

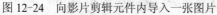

图 12-24　向影片剪辑元件内导入一张图片　　　　　图 12-25　"元件属性"对话框

8）选择"窗口"→"组件"命令（快捷键：〈Ctrl+F7〉），打开"组件"面板。

9）选择"组件"面板中的"User Interface（用户界面）"→"ScrollPane（滚动条）"，将其拖拽到舞台中，如图 12-26 所示。

10）在"属性"面板中设置滚动条的 source 为"clock"，这样就在组件与影片剪辑元件之间建立了联系，如图 12-27 所示。

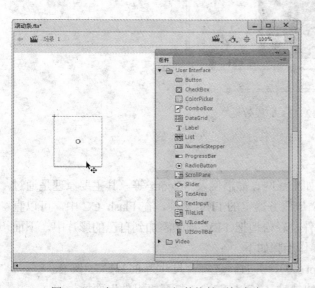

图 12-26　把 ScrollPane 组件拖拽到舞台中　　　图 12-27　设置滚动条的 source 为"clock"

11）该组件各项参数的意义如下，其中 enabled 和 visible 参数项与上面组件功能相同，就不再重复说明。

● horizontalLineScrollSize：设置单击水平滚动条的向左或向右箭头时滑动尺寸的大小。

● horizontalPageScrollSize：设置按滚动条轨道时水平滚动条上滚动块要移动的像

素数。

- horizontalScrollPolicy：单击此参数选项，可以从打开的下拉列表中选择 auto、on 或 off 选项。auto 是指根据影片剪辑与滚动窗的相对大小来决定是否允许水平方向上的滚动，在影片剪辑水平尺寸超出滚动窗的宽度时会自动打开滚动条；on 代表无论影片剪辑与滚动窗的相对大小如何都显示滚动条；off 则表示无论影片剪辑与滚动窗的相对大小如何都不显示滚动条。
- scrollDrag：设置是否允许用户使用鼠标拖拽滚动窗的影片剪辑对象。勾选此选项，则用户可以不通过滚动条而使用鼠标直接拖拽影片剪辑在滚动窗中的显示。
- Source：设置滚动条要绑定的元件，指定元件实例名称即可。
- verticalLineScrollSize：设置单击垂直滚动条的向上或向下箭头时滑动尺寸的大小。
- verticalPageScrollSize：设置按滚动条轨道时垂直滚动条上滚动块要移动的像素数。
- verticalScrollPolicy：设置滚动窗的垂直滚动，方法与水平滚动完全相同。

用户可以按照自己的喜好设置滚动窗的参数。

12）组件设置完毕。选择“控制”→“测试影片”命令（快捷键：〈Ctrl+Enter〉），在 Flash 播放器中预览动画效果，如图 12-28 所示。

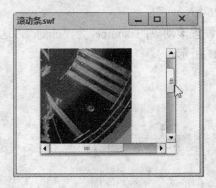

图 12-28　完成效果

12.4.2　播放 FLV 视频

视频分享网站多使用 FLV 技术，例如土豆网、酷溜网及 56.com 等。其主要原理是通过一个 Flash 制作的 FLV 视频播放器，来播放服务器上的 FLV 文件。在 Flash CC 中，可以直接使用该软件所提供的 FLV 视频播放组件，轻松地把 FLV 视频添加到自己的影片中，下面通过一个简单的实例来进行介绍，具体操作步骤如下。

1）新建一个 Flash 文件（ActionScript 3.0），并且设置舞台尺寸为 852×355 像素。

2）选择“窗口”→“组件”命令（快捷键：〈Ctrl+F7〉），打开“组件”面板。

3）选择“组件”面板中的“Video（视频）”→“FLVPlayback（FLV 视频播放）”选项，将其拖拽到舞台中，如图 12-29 所示。

4）选中舞台中的 FLV 视频播放组件，其“属性”面板如图 12-30 所示。

- autoPlay：确定 FLV 文件的播放方式。如果勾选此选项，则该组件将在加载 FLV 文件后立即播放。如果取消勾选，则该组件加载第 1 帧后暂停。

图 12-29　把 FLVPlayback 组件拖拽到舞台中　　　　　　图 12-30　组件参数选项

- cuePoints：描述 FLV 文件提示点的字符串。提示点允许同步包含 Flash 动画、图形或文本的 FLV 文件中的特定点。默认值为一个空字符串。
- isLive：如果勾选此项，则指定 FLV 文件正从 Flash Media Server 实时加载流。实时流的一个示例就是在发生新闻事件的同时显示这些事件的视频。默认状态下不勾选此选项。
- Preview：描述 FLV 视频预览的字符串，也可以是 Flash 动画、预览图形的 URL 字符串。默认值为"无"。
- scaleMode：设置缩放模式。
- skin：一个参数，用于打开"选择外观"对话框，如图 12-31 所示，从该对话框中选择组件的外观。默认值最初是预先设计的外观，但它在以后将成为上次选择的外观。
- skinAutoHide：如果勾选此选项，则当鼠标不在 FLV 文件或外观区域（如果外观是不在 FLV 文件查看区域上的外部外观）上时隐藏外观。默认状态为不勾选此选项。
- skinBackgroundAlpha：定义皮肤背景色的不透明度，设置值为 0～1。
- skinBackgroundColor：定义皮肤背景色。
- volume：一个 0～100 的数字，用于表示相对于最大音量（100）的百分比。

5）在"属性"面板中单击"source"参数右侧的编辑按钮，弹出"内容路径"对话框，从中选择需要播放的 FLV 视频文件，如图 12-32 所示。

6）组件设置完毕。选择"控制"→"测试影片"命令（快捷键：〈Ctrl+Enter〉），在 Flash 播放器中预览动画效果，如图 12-33 所示。

图 12-31 选择播放器的外观

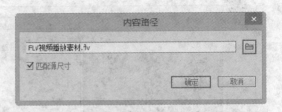

图 12-32 选择需要的 FLV 视频文件

图 12-33 FLV 视频组件播放后的效果

12.5 习题

1. 选择题

（1）允许用户在相互排斥的选项之间进行选择的组件是（　　）。

    A. RadioButton 组件 　　　　　　　　B. ScrollPane 组件

    C. TextArea 组件 　　　　　　　　　 D. TextInput 组件

（2）Flash CC 可以使用 Flash Media 组件从服务器中传输视频流，其视频格式为（　　）。

    A. MPG 　　　　 B. WMV 　　　　　 C. RM 　　　　 D. FLV

（3）下面关于组件的叙述，正确的是（　　）。

    A. 图形元件不能转化为组件

    B. 组件是电影剪辑元件的一种派生形式

    C. 组件是定义了参数的电影剪辑

    D. 以上都正确

（4）在 Flash User Interface 中可以选择（　　）。

    A．组件的图形元件

    B．组件的实例

    C．修改外观的大小

    D．组件的实例名称

（5）Flash CC 提供了（　　）种类别的组件。

    A．1   B．2   C．3   D．4

2．操作题

熟悉 Flash CC 中的各种组件，并了解它们的用途。

第13章 Flash动画优化和发布

Flash的文件格式遵循开放式标准，可被其他应用程序支持。除Flash影片文件格式以外，Flash CC还能以其他格式导出和发布动画。同时也可以根据发布格式的不同进行相应的优化。下面介绍如何优化Flash文件，以及各种格式文件的发布设置。

本章要点
- 影片优化
- 影片测试
- 影片发布

13.1 优化动画

使用Flash可以制作出精美的动画效果，但是如果制作的Flash影片文件较大，常常会让浏览者在不断等待中失去耐心。此时，对Flash影片进行优化就显得尤为重要了，但前提是不能有损影片的播放质量。具体原则如下。

1）多使用元件。如果影片中的元素有使用一次以上者，则应考虑将其转换为元件。重复使用元件并不会使影片文件明显增大，因为影片文件只需储存一次元件的图形数据。

2）尽量使用补间动画。只要有可能，应尽量以"运动补间"的方式产生动画效果，而少用"逐帧动画"的方式产生动画效果。关键帧使用得越多，文件就会越大。

3）多采用实线，少用虚线。限制特殊线条类型，如短画线、虚线、波浪线等的数量。由于实线的线条构图最简单，因此使用实线将使文件更小。

4）多用矢量图形，少用位图图像。矢量图可以任意缩放而不影响Flash的画质，位图图像一般只作为静态元素或背景图，Flash并不擅长处理位图图像，因此，应避免制作位图图像元素的动画。

5）多用构图简单的矢量图形。矢量图形越复杂，CPU运算起来就越费力。可使用菜单"修改"→"形状"→"优化"命令，将矢量图形中不必要的线条删除，从而减小文件。

6）导入的位图图像文件尽可能小一点，并以JPEG方式压缩。

7）声音文件最好以MP3方式压缩。MP3是使声音最小化的格式，应尽量使用。

8）限制字体和字体样式的数量。尽量不要使用太多不同的字体，使用的字体越多，影片文件就越大。要尽可能使用Flash内置的系统字体。

9）尽量不要将文本分离。文本分离后就变成图形了，这样会使文件增大。

10）尽量少使用渐变色。使用渐变色填充一个区域比使用纯色填充区域要多占50字节左右。

11）尽量缩小动作区域。限制每个关键帧中发生变化的区域，一般应使动作发生在尽可能小的区域内。

12）尽量避免在同一时间内安排多个对象同时产生动作。有动作的对象也不要与其他静态对象安排在同一图层里。应该将有动作的对象安排在各自专属的图层内，以便加速 Flash 动画的处理过程。

13）用"loadMovie"语句减轻影片开始下载时的负担。若有必要，可以考虑将影片划分成多个子影片，然后再通过主影片里的"loadMovie"或"unloadMovie"语句随时调用或卸载子影片。

14）使用预先下载画面。如果有必要，可在影片一开始加入预先下载画面"Preloader"，以便后续影片画面能够平滑播放。较大的音效文件尤其需要预先下载。

15）影片的长宽尺寸越小越好。尺寸越小，影片文件就越小。可通过菜单命令"修改"→"文档"命令（快捷键：〈Ctrl+J〉），调节影片的长宽尺寸。

16）先制作小尺寸影片，然后再进行放大。为减小文件，可以考虑在 Flash 里将影片的尺寸设置小一些，然后导出迷你 Flash 影片。接着选择"文件"→"发布设置"命令（快捷键：〈Ctrl+Shift+F12〉），将"HTML"选项里的影片尺寸设置大一些，这样，在网页里就会呈现出尺寸较大的影片，而画质丝毫无损、依然优美。

提示：在进行上述修改时，不要忘记随时测试电影的播放质量、下载情况和查看电影文件的大小。由于测试操作在第 1 章已经介绍过了，这里就不在复述。

13.2　发布动画

当测试 Flash 影片运行无误后，就可以将影片发布了。在默认情况下，Flash 会自动生成 SWF 格式的影片文件，同时也能够生成相应的 HTML 网页文件。

除了发布成标准的 SWF 格式以外，还可以将 Flash 影片发布成其他格式，如 GIF、JPEG、PNG 和 QuickTime 等，以适应不同的需要。

13.2.1　发布设置

选择"文件"→"发布设置"命令（快捷键：〈Ctrl+Shift+F12〉），即可弹出如图 13-1 所示的"发布设置"对话框，在默认情况下只有两种发布格式，用户可以选择其他的复选框选项，来选择不同的发布格式。

13.2.2　发布 Flash 影片

Flash 影片文件是在互联网上使用最多的一种动画格式，选择"发布设置"对话框中的"Flash"选项，即可对将要生成的 Flash 动画文件进行相应的设置，如图 13-1 所示。

其中各项选项含义如下。

● 目标：在下拉列表框中选择一个播放器版本，但不是所有的功能都能够在 Flash Player 10 之前的影片中起作用。

● 脚本：选择动作脚本 ActionScript 2.0 或 ActionScript 3.0，以反映文档中使用的版本。Flash CC 仅支持 ActionScript 3.0。

● 启用 JPEG 解块：选中该项可减少由于 JPEG 压缩导致的典型失真，如图像中通常出现的细微马赛克。

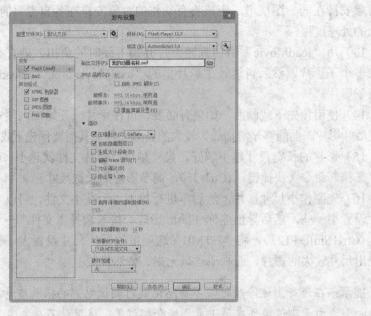

图 13-1 "发布设置"对话框

● 覆盖声音设置：可以覆盖在属性检查器的"声音"部分中为个别声音指定的设置，可以创建一个较小的低保真版本的 SWF 文件。
● 压缩影片：默认选中，压缩 SWF 文件以减少文件大小和缩短下载时间。包括两种压缩模式：Deflate 是旧压缩模式，与 Flash Player 6.x 和更高版本兼容；LZMA 模式效率比 Deflate 模式高 40%，只与 Flash Player 11.x 和更高版本或 AIR 3.x 和更高版本兼容。
● 包括隐藏图层：默认选中，导出 Flash 文档中所有隐藏的图层。
● 生成大小报告：生成一个报告，按文件列出最终 Flash 内容中的数据量。
● 省略 trace 语句：会使 Flash 忽略当前 SWF 文件中的跟踪动作（trace），来自跟踪动作的信息就不会显示在输出面板中。
● 允许调试：激活调试器并允许远程调试 Flash SWF 文件。
● 防止导入：可防止他人导入 SWF 文件并将其转换回 Flash（FLA）文档，同时设置使用密码来保护 Flash SWF 文件。
● 密码：选择"允许调试"或"防止导入"后，即可在"密码"文本框中输入密码。
● 本地播放安全性：选择要使用的 Flash 安全模型。指定是授予已发布的 SWF 文件本地安全性访问权，还是网络安全性访问权。
● 硬件加速：为 SWF 文件启用硬件加速。

13.2.3 发布 HTML 网页

如果需要在 Web 浏览器中显示 Flash 动画，必须创建一个用来包含动画的 HTML 网页文件。用户可以通过 Flash 的发布命令，自动生成相应的 HTML 网页文件，从而省去烦琐的操作，如图 13-2 所示。

其中各项选项含义如下。

- 模板：设定使用何种已安装的模板。
- 大小：指定生成网页中 Flash 影片的宽高，有匹配影片、像素和百分比 3 个选项，其中"匹配影片"（默认设置）指使用 SWF 文件的大小。若选择"像素"则可在"宽度"和"高度"文本框中输入宽度和高度的像素数量。"百分比"用于指定影片文件将占浏览器窗口的百分比。
- 开始时暂停：一直暂停播放影片文件，直到用户单击按钮或从快捷菜单中选择"播放"后才开始播放。
- 循环：在 Flash 内容到达最后一帧时再重复播放。
- 显示菜单：在用户右击影片文件时，显示一个快捷菜单。
- 设备字体：用消除锯齿（边缘平滑）的系统字体替换用户系统上未安装的字体。
- 品质：在影片下载时间和显示效果之间找一个平衡点，品质越低效果就越差，但是下载速度就越快，反之亦然。
- 窗口模式：设置 Flash 动画的背景透明效果。
- HTML 对齐：设置 Flash 影片在浏览器窗口中的位置。
- 缩放：设置 Flash 影片在浏览器窗口中的缩放方式。
- Flash 水平/垂直对齐：设置在应用程序窗口内放置 Flash 影片的方式，以及在必要时裁剪边缘的方式。

13.2.4　发布 GIF 图像

如果需要在任何的 Web 浏览器中都能顺利地显示动画，可以将 Flash 动画发布为 GIF 的格式，如图 13-3 所示。

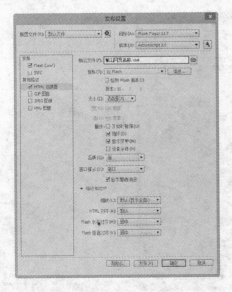

图 13-2　设置 HTML 选项

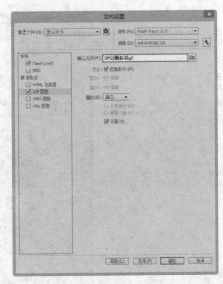

图 13-3　设置 GIF 选项

其中各项选项含义如下。

- 匹配影片：使 GIF 图像具有与 SWF 文件相同的大小并保持原始图像的高宽比，或者以像素为单位为导入的位图图像输入宽度和高度值。

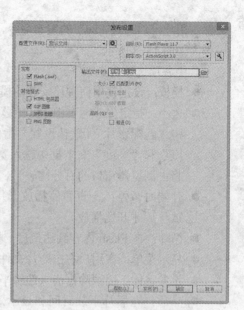

- 播放：确定 Flash 创建的是静止图像还是 GIF 动画。如果选择"动画"，可选择"不断循环"或输入重复次数。
- 平滑：向导出的位图应用消除锯齿功能。

13.2.5　发布 JPEG 图像

如果需要将动画输出为具有照片效果的图像，可以将 Flash 动画发布为 JPEG 的格式，如图 13-4 所示。其中各项选项含义如下。

图 13-4　设置 JPEG 选项

- 大小：输入导出位图图像的宽度和高度值（以像素为单位），或者选择"匹配影片"使 GIF 和 Flash 影片大小相同，并保持原始图像的高宽比。
- 品质：拖动滑块或输入一个值来控制所使用 JPEG 文件的压缩量。
- 渐进：在 Web 浏览器中逐步显示连续的 JPEG 图像，从而以较快的速度在低速网络连接上显示加载的图像。

13.2.6　发布 PNG 图像

PNG 是唯一支持透明度的跨平台位图格式，也是 Fireworks 的标准文件格式。用户可以将 Flash 动画发布为 PNG 的格式，如图 13-5 所示。

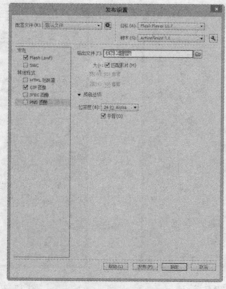

图 13-5　设置 PNG 选项

其中各项选项含义如下。

● 匹配影片：使 PNG 图像具有与 SWF 文件相同的大小并保持原始图像的高宽比，或者以像素为单位为导入的位图图像输入宽度和高度值。

● 位深度：设置创建图像时要使用的每个像素的位数和颜色数。位深度越高，文件就越大。

● 平滑：向导出的位图应用消除锯齿功能。

说明：发布 PNG 图像的大部分设置和发布 GIF 图像一致，这里就不在复述。

13.3 习题

1．选择题

（1）关于使用 Flash 的 HTML 发布模板，说法错误的是（　　）。

　　A．允许用户控制电影在浏览器中的外观和播放

　　B．Flash 模板不能包含任何 HTML 内容，比如 Cold Fusion 和 ASP 等的代码就不可以

　　C．这种发布 Flash 用的模板是一个文本文件，包括两部分：不会改变的 HTML 代码和会改变的模板代码或变量

　　D．创建模板和创建一个标准的 HTML 页面基本相似，只是用户需要将属于 Flash 影片的某些值替换为以美元符号（$）开头的变量

（2）关于发布 Flash 影片的说法错误的是（　　）。

　　A．向受众发布 Flash 内容的主要文件格式是 Flash Player 格式（swf）

　　B．Flash 的发布功能就是为在网上演示动画而设计的

　　C．Flash Player 文件格式是一个不开放标准，今后不会获得更多的应用程序支持

　　D．用户可以将整个影片导出为 Flash Player 影片，或作为位图图像系列，还可以将单个帧或图像导出为图像文件

（3）不可以优化影片的操作是（　　）。

　　A．如果影片中的元素有使用一次以上者，则可以考虑将其转换为元件

　　B．只要有可能，请尽量使用渐变动画

　　C．限制每个关键帧中发生变化的区域

　　D．要尽量使用位图图像元素的动画

（4）使用 GIF 格式发布动画，设置透明的作用是（　　）。

　　A．改变影片背景的透明度

　　B．设置影片中颜色的处理方式

　　C．设置 GIF 图片中的颜色数量

　　D．除去 GIF 图片中未使用的颜色

（5）在以 JPEG 格式发布动画时，渐进项的作用是（　　　）。

　　A．使图片在下载过程中逐渐清晰地显示

　　B．使图片在下载过程中从下到上地显示

　　C．使图片在下载过程中从上到下地显示

　　D．使图片直接下载显示

2．操作题

（1）对 12.4 节制作的动画源文件进行优化。

（2）将 12.4 节制作的动画源文件，发布成 PNG、GIF、JPEG 三种不同的格式。

（3）将 12.4 节制作的动画源文件，发布成 SWF 和 AVI 格式。

第 14 章　毕业实战：闪客多媒体网站设计

Flash 网站多以界面设计和动画演示为主，比较适合做那些文字信息不太多，主要以平面展示、动画交互效果为主的应用，如企业品牌推广、特定网上广告、网络游戏及个性个人网站等。下面结合"我的多媒体"全 Flash 网站开发来介绍 Flash 网站制作过程。

14.1　Flash 站点架构概述

制作全 Flash 网站和制作 HTML 网站类似，事先应先在纸上画出结构关系图，包括：网站的主题、要用什么样的元素、哪些元素需要重复使用、元素之间的联系、元素如何运动、用什么风格的音乐、整个网站可以分成几个逻辑块、各个逻辑块间的联系如何以及是否打算用 Flash 建构全站或是只用其做网站的前期部分等等，都应在考虑范围之内。

实现全 Flash 网站效果多种多样，但基本原理是相同的：将主场景作为一个"舞台"，这个舞台提供标准的长宽比例和整个的版面结构，"演员"就是网站子栏目的具体内容，根据子栏目的内容结构可能会再派生出更多的子栏目。主场景作为"舞台"基础，基本保持自身的内容不变，其他"演员"身份的子类、次子类内容根据需要被导入到主场景内。

从技术方面讲，如果用户已经掌握了不少单个 Flash 作品的制作方法，再多了解一些 swf 文件之间的调用方法，制作全 Flash 网站并不会太复杂。一般 Flash 网站制作流程如图 14-1 所示。

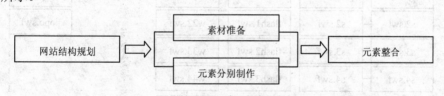

图 14-1　Flash 网站制作流程

全 Flash 网站和单个 Flash 作品的区别具体如下。

1. 文件结构不同

单个 Flash 作品的场景、动画过程及内容都在一个文件内，而全 Flash 网站的文件由若干个文件构成，并且可以随具体的需要继续扩展。全 Flash 网站的文件动画分别在各自的对应文件内。通过 Action 的导入和跳转控制实现动画效果，由于同时可以加载多个 SWF 文件，它们将重叠在一起显示在屏幕上。

2. 制作思路不同

单个 Flash 作品的制作一般都在一个独立的文件内，计划好动画效果随时间轴的变化或场景的交替变化即可。全 Flash 网站制作则更需要整体的把握，通过不同文件的切换和控制来实现全 Flash 网站的动态效果，要求制作者有明确的思路和良好的制作习惯。

3．文件播放流程不同

单个 Flash 作品通常需要将所有的文件做在一个文件内，必须等文件基本下载完毕才开始播放。但全 Flash 网站是通过若干个文件结合在一起，在时间流上更符合 Flash 软件产品的特性。文件可以做的比较小，通过陆续载入其他文件更适合 Internet 的传播，这样同时避免了访问者因等待时间过长而放弃浏览。

14.2　站点策划

本网站栏目主要包括 6 个版块：媒体开发、资源下载、闪客大侠、友情链接、进入论坛和关于作者，如图 14-2 所示。子栏目"资源下载"包括 4 个小栏目：Macromedia Studio MX、Photoshop 7.02 中文版、Painter 7 自然画笔 7 和 After Effect5.5 英文版。子栏目"闪客大侠"包括 10 个小栏目：Rocky、玲玲、易拉罐、海明威、花火、DFlying、杨格、白丁、小小和拾荒。子栏目"友情链接"包括 5 个小栏目。子栏目"关于作者"包括两个小栏目。

整个网站的结构用图表示，如图 14-2 所示（用文件名表示各个版块）。虚线部分构成主场景（舞台），每个子栏目在首页里仅保留名称，属性为按钮。点画线部分内容为次场景（演员），可以将次场景内容做在一个文件内，同时也可以做成若干个独立文件，根据需要导入到主场景（舞台）内。

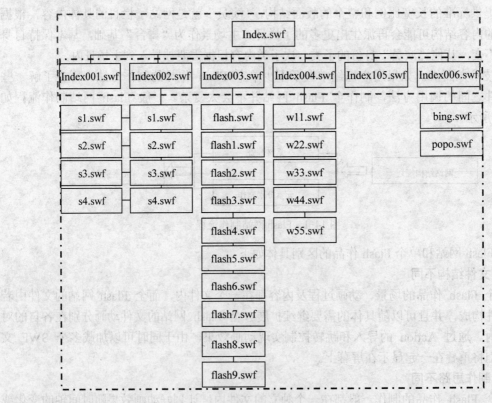

图 14-2　Flash 网站结构

14.3 场景设计

整个网站包含 3 层结构，分别是首页、二级页面和详细页面，下面简单说明一下这 3 层结构的场景设计技术要点。

14.3.1 首页场景设计

全 Flash 网站由主场景、子场景和次子场景构成。与制作 HTML 网站类似，一般会制作一个主场景 index.swf，主要内容包括：长宽比例、背景、栏目导航按钮和网站名称等"首页"信息。最后发布成一个 HTML 文件，或者自己做一个 HTML 页面，内容就是一个表格，里面写上 index.swf 的嵌入代码即可。主场景安排设置如图 14-3 所示。

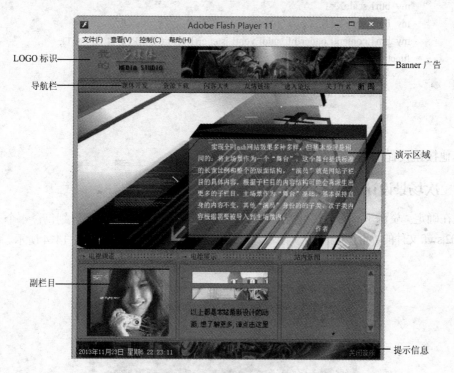

图 14-3　主场景安排设置

- LOGO 标识区域一般为网站名称和版权等固定信息区，通常所在位置为 Flash 动画的边缘位置。
- 在 LOGO 右边主要放置一些动画广告，也称为 Banner。
- 导航栏为网站栏目导航按钮，通常也是固定在某个区域。按钮可以根据需要做成静态或动态效果，甚至可以做成一个包含影片剪辑变化的按钮。
- 中间部分为主场景导入子文件的演示区域。
- 有时根据内容需要，可以在下边较小区域，或在左右两侧狭长区域设置一些常用的栏目，作为主栏目的补充。
- 在子文件的装载方面主要用到 addChildAt 和 removeChildAt 两个控制函数。这里主要以子栏目"媒体开发"的制作为例。主场景文件 index 中有一个按钮"媒体开发"，当单击"媒体开发"按钮时，希望导入 index001.swf 文件。所以在主场景内选择"媒体开发"按钮，添加 Action 代码：

```
btn1.addEventListener(MouseEvent.CLICK, fl_btn1);

function fl_btn1(event:MouseEvent):void
{
    var my_btn1:Loader=new Loader();
    my_btn1.load(new URLRequest("index101.swf"));
    my_btn1.x=0;
    my_btn1.y=0;
    my_btn1.scaleX=1
    my_btn1.scaleY=1
    my_btn1.contentLoaderInfo.addEventListener(Event.COMPLETE, onbtn1);
    function onbtn1(e:Event) {
        removeChildAt(20);
        addChildAt(my_btn1,20);
    }
}
```

其他按钮设置相同，就不再重复了。

14.3.2 次场景设计

现在确定"资源下载"子栏目需要导入的文件 index002.swf，该文件计划包含 4 个子文件。index002.swf 文件的界面只包含用于导入多个独立的图形按钮和标题，如图 14-4 所示。

图 14-4 "资源下载"子栏目效果

从图 14-4 所示可以看到 index002.swf 文件包含多个链接式文本图标，分别为 bb1～bb4。当单击它们则分别导入相应文件 s1.swf～s4.swf 文件。在场景内选择 bb2，为这个按钮添加 ActionScript：

```
bb1.addEventListener(MouseEvent.CLICK, fl_bb1);

function fl_bb1(event:MouseEvent):void
{
    var my_bb1:Loader=new Loader();
    my_bb1.load(new URLRequest("so/s2.swf "));
    my_bb1.x=0;
    my_bb1.y=0;
    my_bb1.scaleX=1
    my_bb1.scaleY=1
    my_bb1.contentLoaderInfo.addEventListener(Event.COMPLETE, onbb1);
    function onbb1(e:Event) {
        removeChildAt(11);
        addChildAt(my_bb1,2);
    }
}
```

依次将 4 个按钮分别设置对应的脚本以便调用相应的文件。这里设置 level 为 2，是为了保留并区别主场景 1 而设置的导入的层次数，如果需要导入下一级的层数，则层数增加为 3，依次类推。其他 5 个次场景的制作效果如图 14-5 所示。

a)

b)

图 14-5 其他 5 个次场景的制作效果

c)   d)

e)

图 14-5   其他 5 个次场景的制作效果（续）

a）媒体开发   b）闪客大侠 c）友情链接 d）关于作者 e）进入论坛

14.3.3　二级次场景设计

　　这里的二级次场景是与上级关联的内容，是本例中三级结构中的最后一级。该级主要为全 Flash 网站具体内容部分，可以是详细的图片、文字及动画内容。这里需要连接的是具体图片为内容，但同样需要做成与主场景比例同等的 swf 文件，如图 14-6 所示。

　　该场景是最底层场景，为主体内容显示部分，具体动画效果大家可以根据需要来做。注意要在场景最后一帧处加入停止 ActionScript 代码：stop();这样可以停止场景动画的循环动作。

图 14-6　二级次场景制作效果

14.4　首页设计

首页是整个作品的核心，也是 Flash 网站技术设计的全部，本节将重点讲解首页设计的细节。

14.4.1　引导场景设计

引导场景作为网站完全下载并显示之前的一个过渡动画，以缓解网站下载过程中可能出现的时间延迟。操作步骤具体如下。

1）启动 Flash 软件，新建 ActionScript 3.0 类型的文档，保存为 index.fla，如图 14-7 所示。

2）选择"修改"→"文档"命令，打开"文档设置"对话框，设置文档大小：宽度为560px，高度为 540px，舞台背景色为#786E28，帧频为 24.00，如图 14-8 所示。

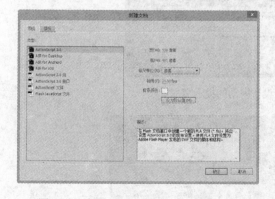

图 14-7　新建 ActionScript 3.0 类型文档

图 14-8　设置文档属性

3）选择"窗口"→"场景"命令，打开"场景"面板，在面板底部单击"添加场景"

按钮，新建一个场景，命名为"00"，如图 14-9 所示。

图 14-9 新建 00 场景

4）在图层面板中新建 4 个图层，分别命名为"提示""loading""百分比"和"Actions"，这里将设计动画预加载提示信息，如图 14-10 所示。

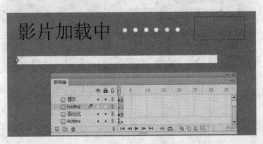

图 14-10 新建预加载提示图层

5）新建一个元件，保存为"元件 53"，在该元件设计一个不断闪动的提示文本动画，该动画是一个逐帧动画，在"图层"面板中新建图层 2，然后添加 25 个关键帧，设计好提示文本"影片加载中"和省略号，并填充到每个关键帧中，最后删除偶数帧中的省略号，即可设计一闪一闪的提示文本效果，如图 14-11 所示。

6）在提示文本右侧放置一个动态文本框，命名为 loading_txt，用来接收动画预加载的百分比值，下面设计一个图形动画元件 jindutiao，该元件将模拟动画加载过程动画，如图 14-12 所示。

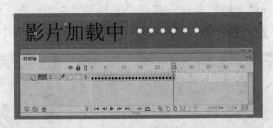

图 14-11 设计闪动的提示文本

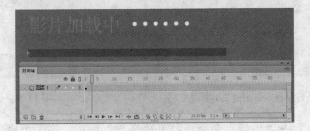

图 14-12 设计动画下载过程动画

7）在"图层"面板中新建 5 个图层，然后在这 5 个图层中分别设计 Logo 呈现的运动动画，如图 14-13 所示，具体说明如下。

在"图层 2"第 4 帧新建关键帧，设计运动动画，运动到第 10 帧，定义文本"我的多媒体"从场景顶部外面向下运动到场景的中央。

在"图层 4"第 10 帧新建关键帧，复制图层 2 第 10 帧的文本到当前图层，然后延长关键帧到第 49 帧。

在"图层 5"第 8 帧新建关键帧，设计运动动画，运动到第 14 帧，定义文本"www.wodemedia.com"从场景底部外面向上运动到场景的中央。

在"图层 6"第 14 帧新建关键帧，设计运动动画，运动到第 46 帧，定义变形字母 Z，从场景左侧外面向右运动到场景的中央。

在"图层 9"第 18 帧新建关键帧，设计渐变动画，运动到第 27 帧，定义文本"www.wodemedia.com"从完全不透明到完全透明演变。

图 14-13　设计 Logo 开场运动动画

8）新建两个图层，分别在"声音"图层第 5 帧和第 35 帧导入背景音乐 a13 和 a12，在"图层 21"第 5 帧、第 35 帧导入背景音乐 a13 和 a14，如图 14-14 所示。

图 14-14　导入背景音乐

9）在"图层 2"第 50 帧定义关键帧，运动到第 61 帧设计文本"我的多媒体"退出舞台；在"图层 3"第 44 帧定义关键帧，运动到第 56 帧设计变形字符 Z 退出舞台；在"图层 5"第 47 帧定义关键帧，运动到第 58 帧设计文本"www.wodemedia.com"退出舞台，如图 14-15 所示。

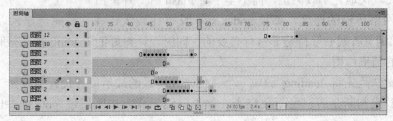

图 14-15　设计 Logo 退出舞台动画

10）新建"图层12"，在76帧导入元件56，该元件是字母Z的艺术变形，对Z水晶化设计，并放大显示。导入元件56后，设置不透明度为0，然后在第83帧添加关键帧，设置元件56不透明度为100%，然后设计渐变动画，让元件56渐变显示，如图14-16所示。

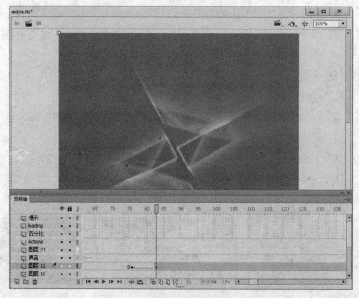

图14-16　设计Z字符渐显显示

11）在"图层12"第228帧新建关键帧，然后在第236帧新建关键帧，设置元件56不透明为0，定义渐变动画，设计元件从第228帧～第236帧逐步隐藏，如图14-17所示。

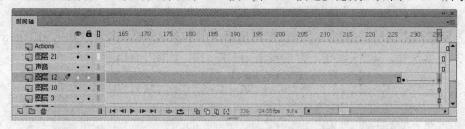

图14-17　设计Z字符渐隐退出

14.4.2　设计Loading

在网上观看Flash电影时，由于文件太大，或是网速限制，使得Flash在网上没办法马上被浏览，需要一段下载的时间，因而Loading就应运而生了，Loading其实就是一段小的动画，可以比较快地先下载浏览，而不至于看Flash时一片空白。

考虑到网络传输的速度，如果index.swf文件比较大，在它被完全导入以前设计一个Loading引导浏览者耐心等待是非常有必要的。同时设计得好的loading在某些时候还可以为网站起一定的铺垫作用。

一般的做法是先将loading做成一个MC，在场景的最后位置设置标签如end，通过if FrameLoaded来判断是否已经下载完毕，如果已经下载完毕则通过gotoAndPlay控制整个Flash的播放。

操作步骤如下。

1）打开 index.fla 文件，按〈Ctrl＋F8〉键新建一个影片剪辑，命名为 loading。

2）进入这个影片剪辑，做一个方框，不带边框，只留填充色，选中方框，按〈F8〉键转换为图形元件。然后按〈F6〉键在第 100 帧插入一个帧。这样 loading 动画就是配合 100％的脚本，下载到 100％时，表示完成，也可以只做一帧，不会影响效果，如图 14-18 所示。

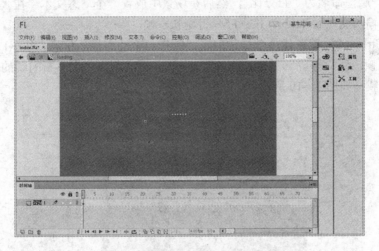

图 14-18　loading 影片剪辑制作效果

3）将 loading 影片剪辑拖入"00"场景中的第 1 层，放到合适位置，按〈F5〉键延长一帧。将影片剪辑实例命名为 jindutiao。

4）在主场景中新建一层，命名 Actions，按〈F6〉键延长出一个关键帧，因为第一帧是空白帧，所以第二帧也延长出一个空白关键帧了。

5）在第一帧写入脚本：

```
stop();
import flash.events.*;
this.root.loaderInfo.addEventListener(ProgressEvent.PROGRESS, load_progress);
function load_progress(evt:ProgressEvent){
    loading_txt.text=int(evt.bytesLoaded*100/evt.bytesTotal).toString()+"%";
}

this.root.loaderInfo.addEventListener(Event.COMPLETE, load_complete);
function load_complete(evt:Event){
    loading_txt.text="100%";
    this.root.loaderInfo.removeEventListener(Event.COMPLETE,load_complete);
    gotoAndPlay(4);
}
```

定义为 loaded 除以 total 再乘以 100，目的是求百分整数，其实对于这个 loading 的效果不大，但对于以后功能详细的 loading 有用。

注意，"if (baifenshu == 100)"千万不要写成"baifenshu = 100"，"="是赋值，"=="才是等于。

如果 baifenshu 的值，就是下载的总值等于 flash 本身的总值，执行下列语句，跳转到第 4 帧播放；如果其他情况，就是说 baifenshu 不等于 100，则返回到第一帧，这样做一个循环，当 loading 不成功的情况下，回到第一帧重新执行下载。

6）新建一层，命名为"百分比"，然后在场景中放置一个动态文本，在"属性"的"变量"文本框中输入变量 baifenbi。按〈F5〉键延长一帧。

7）按〈Ctrl＋F8〉键新建一个影片剪辑，制作一个动态显示信息。按〈F6〉键建立 25 个连续的关键帧，然后每隔一关键帧删除省略号（…），制作一个不断闪动的动画效果，提示用户正在下载，如图 14-19 所示。

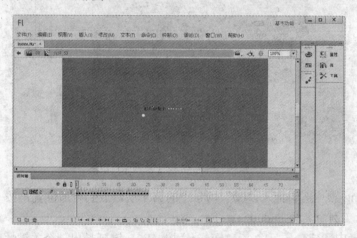

图 14-19　制作提示动画信息

8）回到主场景，新建层，命名为"提示"，把上面新制作的影片剪辑拖入场景，按这样就全部完成了，按〈F5〉键延长一帧。整个 loading 制作效果如图 14-20 所示。演示效果如图 14-21 所示。

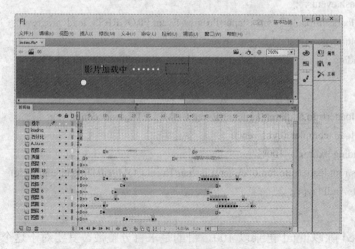

图 14-20　loading 制作效果

图 14-21　loading 演示效果

14.4.3　设计首页布局

选择"窗口"→"场景"命令，打开"场景"面板，在面板底部单击"添加场景"按钮，新建一个场景，命名为"22"。当 index.fla 动画播放完 00 场景后，将正式进入首页界面，即播放 22 场景。

在 22 场景中呈现首页完整界面效果，整个页面包含 5 行 3 列，首行为标题栏，第 2 行为导航栏，第 3 行为影片播放栏，第 4 行为副栏目区域，第 5 行为脚注栏，如图 14-22 所示。

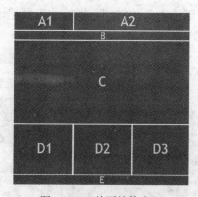

图 14-22　首页结构布局

网站各个区块用途、坐标和大小说明如下。

- A1 区块：定义为 Logo 栏目，X：0、Y：0、Width：194px、Height：55px。
- A2 区块：定义为 Banner 栏目，X：200px、Y：0、Width：366px、Height：55px。
- B 区块：定义站点导航栏，X：0、Y：70px、Width：560px、Height：20px。
- C 区块：定义内容主区块，X：0、Y：100px、Width：560px、Height：270px。

- D1 区块：定义内容副区块，设计电视频道，X：0、Y：370px、Width：176px、Height：156px。
- D2 区块：定义内容副区块，设计电绘展示，X：178px、Y：370px、Width：176px、Height：156px。
- D3 区块：定义内容副区块，设计站内新闻，X：356px、Y：370px、Width：176px、Height：156px。
- E 区块：定义页脚注，设计服务性导航和按钮，X：0、Y：520px、Width：560px、Height：20px。

14.4.4 设计导航条

本例要做导航按钮的效果为：载入时，导航按钮由左到右快速移到所在的位置，同时闪现一道白光。当鼠标指向时，出现动画，一道白光由下向上闪过，如图 14-23 所示。

图 14-23　导航按钮制作效果

了解效果后，下面就结合"关于作者"按钮实例进入具体的操作过程。

1）按〈Ctrl＋F8〉键新建一个影片剪辑，命名为 b6。进入编辑状态，新建"文本"层，用文本工具输入按钮标题，本按钮为"关于作者"。

2）在第 9 帧按〈F5〉键插入一帧，延伸第 1 帧。新建"白光"层，在第 1 帧插入空白关键帧，在第 2 帧插入一关键帧，用直线工具绘制一条白线，宽度为 1 像素，然后按〈F8〉键转换为图形元件。

3）在第 8 帧，按〈F6〉键插入一关键帧，用箭头工具把该线条移动到文本的上面，然后在这之间创建运动补间动画，如图 14-24 所示。

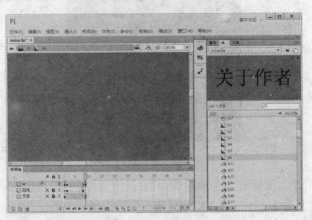

图 14-24　制作白光效果

4）新建 as 层，在第 1 帧中输入脚本：stop();，防止动画自动运行。同时插入新建按钮元件，如图 14-25 所示，用来控制动画的执行，即当鼠标经过按钮所在的区域时，执行下面动画。

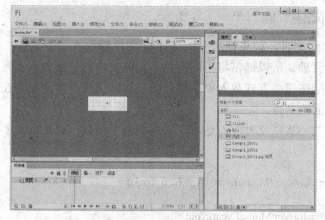

图 14-25　制作按钮效果

5）设置按钮实例的透明度为 0，使其隐藏，如图 14-26 所示。在第 9 帧插入一关键帧，输入脚本：stop();，即让动画运行一次后，立即停止，避免反复重播放。

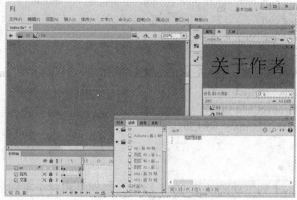

图 14-26　制作按钮控制

6）按钮式影片剪辑已经完成，其他几个标题按钮制作相同。回到主场景"22"中，来完成导航条的制作。导航条的制作比较简单，把各个主要标题按钮影片剪辑引入不同的层中。导航条主要通过不同层的叠加，不同的层分别管理各自不同的元件对象，分别进行不同效果的动画处理，而相互不影响。产生一种奇妙复杂的变幻效果，整个时间轴如图 14-27 所示。

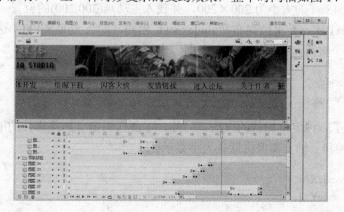

图 14-27　导航条时间轴效果

14.4.5　加载外部影片

设计全 Flash 网站时，如果把所有的 Flash 文件都放入一个文件，则这个文件会非常大，不利于维护和管理。所以通常将不同内容和功能的内容分别放入不同的文件。做成站点时，通过单击不同的按钮等方式载入单个栏目的 SWF 文件，而浏览者在浏览网页时，可逐个下载，减少主画面的负担。

如何加载外部的 SWF 文件呢？这里主要用到两个函数：addChild()或 addChildAt()。先看下面几行代码：

```
btn4.addEventListener(MouseEvent.CLICK, fl_btn4);

function fl_btn4(event:MouseEvent):void
{
    var my_btn4:Loader=new Loader();
    my_btn4.load(new URLRequest("index104.swf"));
    my_btn4.x=0;
    my_btn4.y=0;
    my_btn4.scaleX=1
    my_btn4.scaleY=1
    my_btn4.contentLoaderInfo.addEventListener(Event.COMPLETE, onbtn4);
    function onbtn4(e:Event) {
        removeChildAt(20);
        addChildAt(my_btn4,20);
    }
}
```

加载 index104.swf 到主动画的第 20 个级别。级别是相对于不同的 SWF 文件而言的，其作用相当于我们理解的层，如 Falsh 里的层，上一层的东西将覆盖下一层的内容。

要注意 addChildAt 语句加载动画时，只能加载本地或同一服务器上的 SWF 文件。

上面讲解了通过按钮加载外部 SWF 文件的基本方法，下面我们进一步介绍，如何给加载的动画定个位置。定位有两种方法：

1）制作被加载的 Flash 时定位：例如，主动画 index.swf 文件的画布大小是 700×400，被加载的 index104.swf 的大小为 200×200，并载入主动画(300,200)的位置。

可以在 index104.swf 里做画布和 index.swf 相同，即为 700×400，这样导出影片。在 index.swf 里做一个按钮，在按钮上输入下面脚本：

```
my_btn4.x=0;
my_btn4.y=0;
```

这样就完成了一种定位加载的方法。另外，下面代码定义加载影片的缩放比例，设置值为 1，表示在 x 轴和 y 轴上都保持默认大小显示。

```
my_btn4.scaleX=1;
my_btn4.scaleY=1;
```

2）导入主动画影片剪辑：这里的主动画影片剪辑就是指在 index.swf 文件里新建一个空

的影片剪辑，将外部的 index104.swf 文件加载到这个影片剪辑中。

14.4.6 加载外部数据

在制作全 Flash 网站的过程中经常遇到一定量的文字内容，文本的内容表现与上面介绍的流程是一样的，不同的表现效果其处理手法是不同的。

1．文本图形法

如果文本内容不多，希望将文本内容做得比较有动态效果，可以采用此法。将文本做成若干个 Flash 的元件，在相应的位置安排好。文本图形法的文件载入与上面介绍的处理手法比较类似，原理都差不多。具体动态效果就有待用户自己去考虑，这里就不多介绍。本例中大部分文本内容都是这种方法导入。

2．直接导入法

文本导入法可以将独立的 txt 文本文件，通过 URLLoader()导入到 Flash 文件内，修改时只需要修改 txt 文本内容就可以实现 Flash 相关文件的修改，非常方便。编写一个纯文本文件（文件名随意），注意文本编码，为了避免导入文本显示为乱码，应该统一文本编码为国际编码。

例如：index.fla 中的文本导入（本例中最初没有使用此方法，下面的例子为了说明操作方法，是临时加入的）。

1）在文件 index.fla 里设置"新闻"按钮，在其中输入脚本：

```
btn7.addEventListener(MouseEvent.CLICK, fl_btn7);
function fl_btn7(event:MouseEvent):void
{
    var my_btn7:Loader=new Loader();
    my_btn7.load(new URLRequest("news.swf"));
    my_btn7.x=0;
    my_btn7.y=-55;
    my_btn7.scaleX=1
    my_btn7.scaleY=1
    my_btn7.contentLoaderInfo.addEventListener(Event.COMPLETE, onbtn7);
    function onbtn7(e:Event) {
        removeChildAt(20);
        addChildAt(my_btn7,20);
    }
}
```

2）在 news.fla 文件中做好显示文本的动态文本框，文本框属性设置为多行，变量名为 news(注意这个变量名)。

3）为文本框所在的帧加入脚本：

```
var req:URLRequest = new URLRequest ("news.txt");
var Load:URLLoader = new URLLoader();
function txtLoader(event:Event):void{
    news.text = Load.data;
}
Load.addEventListener(Event.COMPLETE, txtLoader);
```

Load.load(req);

4）在 news.fla 文件所属目录下编写一个纯文本文件 newst.txt，文本内容如图 14-28 所示。

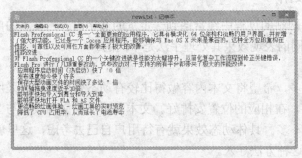

图 14-28　输入文本信息

5）运行 index.fla 后，单击"新闻"按钮，则在中间区域显示将文本文件完整导入到主场景内的效果，如图 14-29 所示。

图 14-29　直接输入文本信息效果

14.5　二级页面设计

二级页面包含 8 个动画，分别为 index100.swf、index101.swf、index102.swf、index103.swf、index104.swf、index105.swf、index106.swf 和 news.swf。其中 index100.swf 作为默认导入动画，在网站初始化完成之后呈现，而余下的 7 个动画需要网站主导航菜单实现异步交互呈现，下面分别就这些动画的设计以及与主页面集成进行介绍。

14.5.1　网站介绍页面

index100.swf 动画作为网站首次显示时的效果，主要作为网站介绍使用，效果如图 14-30 所示。

1）启动 Flash 软件，新建 ActionScript 3.0 类型的文档，保存为 index100.fla。

2）选择"修改"→"文档"命令，打开"文档设置"对话框，设置文档大小：宽度为

560px，高度为 540px，舞台背景色为#786E28，帧频为 24.00，如图 14-31 所示。

3）在图层面板中新建 5 个图层，其中"图层 1"和"图层 3"设计变形动画，"图层 2"和"图层 4"用来嵌入脚本，"图层 5"用来插入背景音乐，如图 14-32 所示。

图 14-30　网站首页默认显示信息

图 14-31　设置文档属性

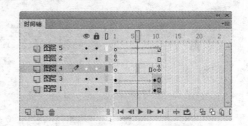

图 14-32　定义动画图层

4）在编辑窗口中新建"元件 3"，使用矩形工具绘制一块长条形白色区块，设置背景色为白色。然后拖入"元件 3"到编辑窗口，在第 10 帧插入关键帧，设计变形动画，定义元件 3 从顶部逐步向下延伸，同时不断降低其不透明度，设计背景平铺润化的效果，如图 14-33 所示。

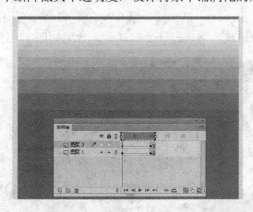

图 14-33　定义变形动画

5）在"图层"面板中新建"图层 4"，在第 11 帧中插入脚本，加载信息页面 index000.swf，同时停止动画播放，代码如下所示。

```
stop();
var my_load:Loader=new Loader();
my_load.load(new URLRequest("index000.swf"));
my_load.x=0;
my_load.y=0;
my_load.scaleX=1
my_load.scaleY=1
my_load.contentLoaderInfo.addEventListener(Event.COMPLETE, onComplete);
function onComplete(e:Event) {
    addChild(my_load);
}
```

6）新建"图层 5"，然后插入背景音乐，在"属性"面板中设置声音名称为"a16"，如图 14-34 所示。

图 14-34 定义背景音乐

7）新建 ActionScript 3.0 类型的文档，保存为 index000.fla。选择"修改"→"文档"命令，打开"文档设置"对话框，设置文档大小为：宽度为 560px，高度为 540px，舞台背景色为#786E28，帧频为 24.00。

8）使用钢笔工具绘制一个变形的多边形图形，背景色为白色，绘制如图 14-35 所示的多边形，然后在第 2 帧、第 3 帧、第 5 帧、第 9 帧、第 12 帧、第 16 帧插入关键帧，使用部分选取工具调整多边形的形状。然后设计变形动画，效果如图 14-35 所示。

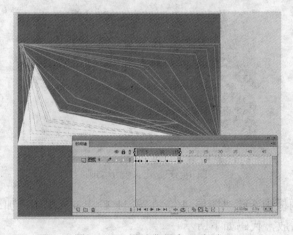

图 14-35 设计背景变形动画

9）新建图层，在第 7 帧插入普通帧，然后添加背景音乐，在"属性"面板中设置声音名称为 a22。再新建图层，在第 17 帧插入关键帧，然后导入背景图像，把背景图像转换为影片剪辑元件，设计该元件不透明度为 0，然后设计渐变动画，让其逐步呈现，如图 14-36 所示。

图 14-36 设计渐变背景图像显示

10）新建"元件 07"，在该元件中输入介绍文本。返回主场景，新建图层，把"元件 07"拖入到舞台上，同时在最后一帧中插入脚本（stop();）停止动画播放，如图 14-37 所示。

图 14-37 设计介绍文本元件

14.5.2 二级栏目页

index101.swf、index102.swf、index103.swf、index104.swf、index105.swf、index106.swf 动画文件都继承了 index000.swf 动画模板，所以当用户完成上节内容的练习之后，就可以通过复制实现快速生成。这些文件的模板和动画思路相同，唯一不同的是调整显示文字和动画图片，然后修改加载动画的路径即可。下面以 index101.swf 动画设计为例进行说明，效果如图 14-38 所示。

图 14-38 网站二级页面动画模板效果

1）启动 Flash 软件，打开 index100.fla，另存为 index101.fla。

2）整个动画设计与 index100.fla 相同，在"图层"面板中设计变形动画、背景音乐和加载脚本，如图 14-39 所示。

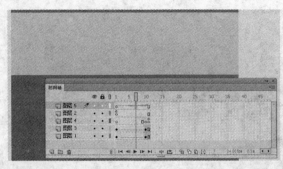

图 14-39　复制动画模板

按〈F9〉键打开"动作"面板，修改其中的脚本代码，设计加载动画文件为 index001.swf，具体代码如下所示。

```
stop();
var my_load:Loader=new Loader();
my_load.load(new URLRequest("index001.swf"));
my_load.x=0;
my_load.y=0;
my_load.scaleX=1
my_load.scaleY=1
my_load.contentLoaderInfo.addEventListener(Event.COMPLETE, onComplete);
function onComplete(e:Event) {
    addChild(my_load);
}
```

打开 index000.fla 文件，另存为 index001.fla，然后在动画的尾部，添加动画效果，如图 14-40 所示。通过变形，逐步展开栏目的外框图形，同时逐步显示提示文本，在整个动画设计中主要应用了变形动画，通过把不同形状的图形转换为图形元件，然后在动画中逐步改变大小、或者通过渐变方式逐步显示。

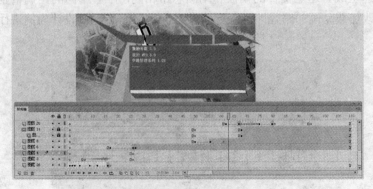

图 14-40　设计栏目逐步呈现动画

14.5.3　新闻页面

新闻页面比较特殊，它是一个动态页面，所显示的信息通过后台控制，实现新闻信息实时更新，效果如图 14-41 所示。

图 14-41　动态新闻设计效果

1）启动 Flash 软件，新建 ActionScript 3.0 类型的文档，保存为 news.fla。

2）选择"修改"→"文档"命令，打开"文档设置"对话框，设置文档大小为：宽度为 560px，高度为 540px，舞台背景色为#786E28，帧频为 24.00，如图 14-42 所示。

3）在"图层"面板中新建 1 个图层，在"工具"面板中选择文本工具，在舞台上绘制一个文本区域，在"属性"面板中定义：文本名词为 news，类型为动态文本，坐标为 x：56px、y：157px，宽度为 442.95px，高度为 225px，如图 14-43 所示。

图 14-42　设置文档属性

图 14-43　定义动态文本框

4）打开"组件"面板，找到 UIScrollBar 组件，然后把它拖动到舞台上，并对齐动态文本框右侧，如图 14-44 所示。

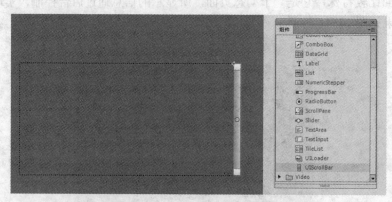

图 14-44 添加 UIScrollBar 组件

5）在"属性"面板中定义 UIScrollBar 组件参数，定义 direction 为 vertical，scrollYarget Name 为 news，如图 14-45 所示，把动态文本框与滚动条组件进行绑定，以实现滚动显示动态信息效果。

6）按〈F9〉键打开"动作"面板，在第 1 帧中添加如下代码，实现动态加载外部信息。

```
var req:URLRequest = new URLRequest ("news.txt");
var Load:URLLoader = new URLLoader();
function txtLoader(event:Event):void{
    news.text = Load.data;
}
Load.addEventListener(Event.COMPLETE, txtLoader);
Load.load(req);
```

图 14-45 定义 UIScrollBar 组件属性

14.5.4 集成首页与二级页面

完成首页和二级页面的设计之后，就可以通过脚本把它们链接起来，实现异步交互响应效果。

1）打开 index.fla，在导航栏中分别插入设计好的导航栏按钮元件，如图 14-46 所示。

图 14-46　添加导航按钮

2）在"属性"面板中分别为每个按钮定义实例名称，例如，选中第一个按钮，在"属性"面板中定义按钮实例名称为 btn1，其他按钮依此类推，如图 14-47 所示。

图 14-47　定义导航按钮实例名称

3）按〈F9〉键打开"动作"面板，在 index.fla 动画最后一帧输入下面代码，设计页面初始化后，自动加载 index100.swf 文件。

```
var my_load1:Loader=new Loader();
my_load1.load(new URLRequest("index100.swf"));
my_load1.x=0;
my_load1.y=0;
my_load1.scaleX=1
my_load1.scaleY=1
my_load1.contentLoaderInfo.addEventListener(Event.COMPLETE, onComplete1);
function onComplete1(e:Event) {
        removeChildAt(20);
        addChildAt(my_load1,20);
}
```

4）在"动作"面板中继续输入下面代码，为 7 个导航按钮绑定单击事件处理函数，设计当用户单击不同的导航按钮时，将分别加载不同的二级页面。

```
btn1.addEventListener(MouseEvent.CLICK, fl_btn1);
function fl_btn1(event:MouseEvent):void
{
        var my_btn1:Loader=new Loader();
        my_btn1.load(new URLRequest("index101.swf"));
        my_btn1.x=0;
        my_btn1.y=0;
```

```
        my_btn1.scaleX=1
        my_btn1.scaleY=1
        my_btn1.contentLoaderInfo.addEventListener(Event.COMPLETE, onbtn1);
        function onbtn1(e:Event) {
            removeChildAt(20);
            addChildAt(my_btn1,20);
        }
}
btn2.addEventListener(MouseEvent.CLICK, fl_btn2);
function fl_btn2(cvcnt:MouseEvent):void
{
        var my_btn2:Loader=new Loader();
        my_btn2.load(new URLRequest("index102.swf"));
        my_btn2.x=0;
        my_btn2.y=0;
        my_btn2.scaleX=1
        my_btn2.scaleY=1
        my_btn2.contentLoaderInfo.addEventListener(Event.COMPLETE, onbtn2);
        function onbtn2(e:Event) {
            removeChildAt(20);
            addChildAt(my_btn2,20);
        }
}
btn3.addEventListener(MouseEvent.CLICK, fl_btn3);
function fl_btn3(event:MouseEvent):void
{
        var my_btn3:Loader=new Loader();
        my_btn3.load(new URLRequest("index103.swf"));
        my_btn3.x=0;
        my_btn3.y=0;
        my_btn3.scaleX=1
        my_btn3.scaleY=1
        my_btn3.contentLoaderInfo.addEventListener(Event.COMPLETE, onbtn3);
        function onbtn3(e:Event) {
            removeChildAt(20);
            addChildAt(my_btn3,20);
        }
}
btn4.addEventListener(MouseEvent.CLICK, fl_btn4);
function fl_btn4(event:MouseEvent):void
{
        var my_btn4:Loader=new Loader();
        my_btn4.load(new URLRequest("index104.swf"));
```

```
        my_btn4.x=0;
        my_btn4.y=0;
        my_btn4.scaleX=1
        my_btn4.scaleY=1
        my_btn4.contentLoaderInfo.addEventListener(Event.COMPLETE, onbtn4);
        function onbtn4(e:Event) {
                removeChildAt(20);
                addChildAt(my_btn4,20);
        }
}
btn5.addEventListener(MouseEvent.CLICK, fl_btn5);
function fl_btn5(event:MouseEvent):void
{
        var my_btn5:Loader=new Loader();
        my_btn5.load(new URLRequest("index105.swf"));
        my_btn5.x=0;
        my_btn5.y=0;
        my_btn5.scaleX=1
        my_btn5.scaleY=1
        my_btn5.contentLoaderInfo.addEventListener(Event.COMPLETE, onbtn5);
        function onbtn5(e:Event) {
                removeChildAt(20);
                addChildAt(my_btn5,20);
        }
}
btn6.addEventListener(MouseEvent.CLICK, fl_btn6);
function fl_btn6(event:MouseEvent):void
{
        var my_btn6:Loader=new Loader();
        my_btn6.load(new URLRequest("index106.swf"));
        my_btn6.x=0;
        my_btn6.y=0;
        my_btn6.scaleX=1
        my_btn6.scaleY=1
        my_btn6.contentLoaderInfo.addEventListener(Event.COMPLETE, onbtn6);
        function onbtn6(e:Event) {
                removeChildAt(20);
                addChildAt(my_btn6,20);
        }
}
btn7.addEventListener(MouseEvent.CLICK, fl_btn7);
function fl_btn7(event:MouseEvent):void
{
```

```
var my_btn7:Loader=new Loader();
my_btn7.load(new URLRequest("news.swf"));
my_btn7.x=0;
my_btn7.y=-55;
my_btn7.scaleX=1
my_btn7.scaleY=1
my_btn7.contentLoaderInfo.addEventListener(Event.COMPLETE, onbtn7);
function onbtn7(e:Event) {
    removeChildAt(20);
    addChildAt(my_btn7,20);
}
}
```